U0341496

项目基金：本项目受到安徽省高校人文社科研究重点项目“沉浸式环境下的人类非遗宣纸可视化研究”（编号2022AH050576）、安徽财经大学校级重大项目“淮河文化影响下的城市景观小品研究”（编号ACKYA22007）、安徽省社科联项目“寿县古城环境与书法之乡城市意象融合发展研究”（编号2021CX529）支持，是项目阶段性成果之一。

城市景观小品创新设计

孙丽 著

经济管理出版社
ECONOMY & MANAGEMENT PUBLISHING HOUSE

图书在版编目（CIP）数据

城市景观小品创新设计 / 孙丽著 . -- 北京 : 经济管理出版社 , 2024. -- ISBN 978-7-5096-9847-1

Ⅰ. TU-856

中国国家版本馆 CIP 数据核字第 2024CH9444 号

组稿编辑：张丽媛
责任编辑：王光艳
责任印制：许 艳

出版发行：经济管理出版社
（北京市海淀区北蜂窝 8 号中雅大厦 A 座 11 层 100038）
网 址：www.E-mp.com.cn
电 话：（010）51915602
印 刷：北京金康利印刷有限公司
经 销：新华书店
开 本：720mm × 1000mm/16
印 张：12
字 数：210 千字
版 次：2024 年 8 月第 1 版 2024 年 8 月第 1 次印刷
书 号：ISBN 978-7-5096-9847-1
定 价：89.00 元

序

当人们谈及城市，那些笔直的街道、流光溢彩的街景总令人印象深刻。城市景观不仅代表其外显的状态，更是人们生活的舞台。在城市宏观体系中，城市景观小品以其功能性和艺术性成为城市生活不可或缺的内容。它以其独特的魅力，为人们提供服务，引人驻足观赏，彰显城市文化魅力。

近年来，我国城市化进程加快，城市广场增添了健身设施，商业街墙面增添了壁画，公园增添了许多休闲设施……多种多样的景观小品丰富着城市空间。这不仅改变了我国城市环境的原有面貌，也改善了人们的生活方式，城市文旅得以快速发展。然而，我们也应看到，当前我国景观小品的发展还存在创意不足、形式单一，对新时代背景下人们的心理需求考虑不充分，对城市空间场地分析不够深入等问题。因此，如何提高景观小品的质量，成为摆在我们面前的重要课题。

美观精致的景观小品，不仅可以装饰城市空间，更是文化、历史和时代精神的缩影。现在的景观小品已不再是简单的装饰物，它们承载着城市的文化、历史与情感，更是城市化浪潮中人与城市连接的精神桥梁。本书对景观小品的发展历史、现状类型做出梳理，从历史和当代两个时空角度探讨景观小品价值和时代需求。景观小品的形式对城市环境有着极高的塑造作用，景观质量直接影响人们的身心健康，它不仅能塑造城市形象美、提升城市生态美，还能为人们的身体安全提供庇护，对人们的心灵提供疗愈，协调城市公共关系。笔者强调创新设计思想在景观小品设计中的应用，将创新设计思想引入景观小品设计，不仅能改变城市景观面貌，还可以改变人和环境之间的关系。笔者从策略、方法与途径、评价与管理的角度探讨如何开展创意，以案例为依托阐述城市景观小品创新设计思路。

天下文章必作于细，必作于实，方成正果。本书上篇侧重介绍景观小品的发展历程和相关设计理论，下篇以淮河流域为研究范围，以淮河文化影响下的案例研究与创新设计为重点，探讨地域文化影响下的城市景观小品发展之路。通读本书，鲜明特点扑面而来。作者充分调研在淮河流域城市地脉、文脉和史脉影响下形成的景观小品，思考在地域文化影响下如何开展新时代背景下的景观小品创新设计，以淮河流域城市的景观小品为范例，将淮河文化内涵与现代设计理念相融合，通过对淮河文化的深入探析，提炼出独特的文化元素和符号，并将其巧妙融入景观小品设计中，提出了一系列具有创新性和实用性的设计方案。这些方案不仅注重景观小品的艺术性和观赏性，还充分考虑到其功能性，以及地脉、文脉和史脉在其中的具体表现，力求在促进城市环境美化的同时，体现传统优秀文化的新发展。

本书作为一部探讨景观小品设计的著作，涉及城市环境发展、人居环境和文旅发展等宏大叙事，通体浸润着人文关怀。当下国家正在大力推动城市建设提升，景观小品以其经济实用和灵活多样的特点，在中国众多城市发展建设中大有可为。我相信，本书的出版将对城市更新、城市文化旅游发展产生共振的效应，对激发更多人对于创新发展的追求和对地域文化的热爱有所脾益。本书也将为从事艺术设计、文化旅游管理、城市规划等领域学者的深入研究提供有价值的思考和助益。

2021 年 4 月 19 日，习近平总书记在参观清华大学美术学院时强调，“美术、艺术、科学、技术相辅相成、相互促进、相得益彰，要发挥美术在服务经济社会发展中的重要作用。”作者作为教育工作者和艺术工作者，敢于担当、身体力行，成果迭出，可喜可贺。谨为序。

曹天生

2024 年 1 月 8 日

目 录

上篇

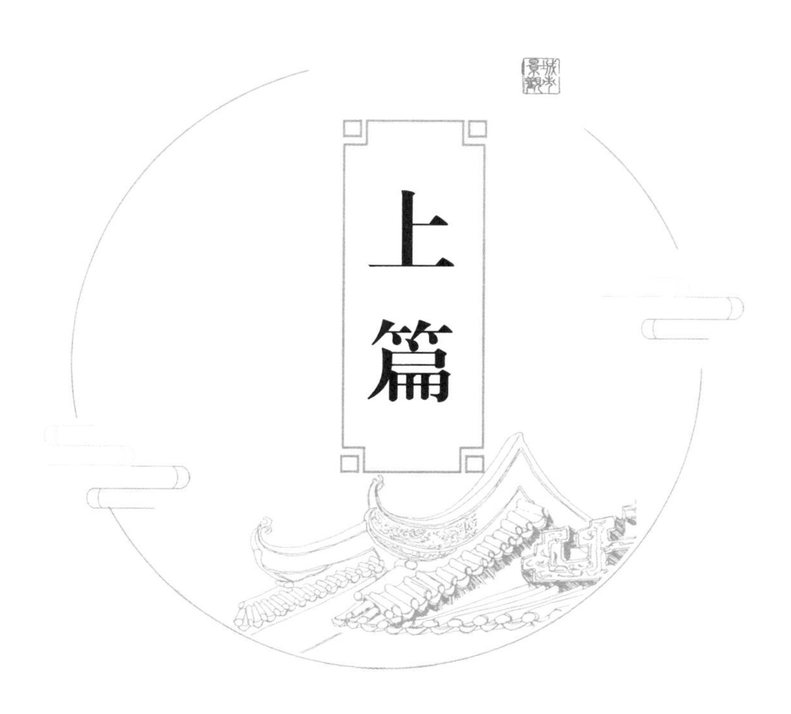

上篇

第1章
景观小品发展历程

第一节　景观小品概述

一、“小品”的概念

关于“小品”的记载始于佛经。南朝宋刘义庆《世说新语·文学》记载“殷中军读小品”，在句下刘孝标注：“释氏《辨空经》有详者焉，有略者焉。详者为大品，略者为小品。”文学作品中，描写人物事件、自然风景及个人感怀等题材且篇幅短小的文章，统称为“小品文”。中国画中，画幅尺寸较小、内容精炼的画作，亦称为“小品”。由此可见，小品的特质是小、简和精。园林景观中，区别于大型建筑、水体土壤，设置在室外环境中的小型人造或天然构筑物，同样具备文学与绘画领域中“小品”的特质，被称为“景观小品”。景观小品是室外空间的重要元素之一，种类多样，发挥着装饰生活空间、便利户外生活的作用。景观小品中“小”的定义，是相对于其所处的整体空间格局而言，没有具体尺寸上的数值，是其与整体空间的比值较小而已。

二、景观小品的类型

近年来，中国城市面貌日新月异，发生了巨大变化。随着城市化进程的深入，城市建设方向也悄然发生了改变，逐步从功能型城市走向人文景观型城市，各类景观小品成为塑造城市环境的重要内容。景观小品与城市发展之间的关系，应坚持立足于景观艺术本体，满足城市发展需求，坚持为人民服务。景观小品通常分为艺术和功能两种类型，两种类型各有特点和作用。

图 1–1　艺术类景观小品示例一

艺术类景观小品是指城市公共空间中具有较高审美价值的视觉艺术作品。例如雕塑、假山、喷泉、盆景、壁画、地面铺贴等，其中，雕塑在艺术类景观小品中占较大比重。艺术类景观小品通过其形态、材质与色彩等视觉艺术表现，体现出特定的知识内容和文化精神，给人以较为强烈的审美享受，令人产生情感愉悦，示例见图 1–1。

艺术类景观小品具有较高的审美价值，同时作为城市文化的具体载体，体现城市文化精神，其表现形式是城市与艺术、市民与艺术、社会生活与艺术等多种关系融汇后的具体表达，示例见图 1–2。

图 1–2　艺术类景观小品示例二

功能类景观小品也被称为城市环境设施，例如体量较小的亭、阁、廊架、桥等人工构筑物，以及邮箱、道路标牌、电话亭、休闲座椅、路灯、饮水设施等功能设施。功能类景观小品除了具备一定的视觉审美之外，满足特定的使用功能是其必备属性。因此，功能类景观小品服务特性较为突出，示例见图 1–3。

图 1–3　功能类景观小品示例一

户外生活中触手可及的服务设施，又称为“城市家具”。用“城市家具”这一名称来指代城市公共设施，体现出亲切的语感，反应了人们对这类景观小品的需求和喜爱，示例见图 1–4。无论是艺术类景观小品还是功能类景观小品，就其形态而言，多属于人为改造后的形态，具有公众性、开放性的特点，在城市空间关系中有多种作用。

综上所述，景观小品并非某种特定艺术形式，而是通过艺术功能类型进行界定的景观艺术。景观小品是融合艺术学、社会学、传播学、环境科学、城市规划学和心理学等多门学科的综合艺术。景观小品出现在公共、可共享的空间，公共性、开放性是其根本属性，城市居民可免费享用和使用。由于要接受大众审美评判和使用评价，景观小品具有较强的公众效应，因此，景观小品的质量和口碑非常重要。景观小品建设务必做好以美化环境和服务群众为基础要求，以陶冶情操和教育民众为卓越要求，发挥服务和引导双重作用。

图 1-4　功能类景观小品示例二

第二节　中国景观小品发展历程

中国的景观小品发展历史悠久，与中国古典园林艺术、古代城市建设以及陵墓建设密切相关，特别是中国园林艺术对其影响巨大。景观小品经过数千年的发展，已经形成了独具中国特色的文化理念和表现形式。

一、形成期（殷周至秦汉时期）

中国古典园林的产生与人类早期的生产、经济有着密切关系。人们在与自然山水共生中，形成了中国人独有的自然山水审美观和以山水比德的审美哲学思想。《诗经·泽陂》中提到“彼泽之陂，有蒲与荷”“彼泽之陂，有蒲菡萏”[①]。中国园林追求师法自然，大巧若愚、大朴不雕，崇尚自然美和天人合一的审美观念。

殷周时期，园林建设处于较为粗放阶段，形成关于圃、囿、苑等不同主题的造园活动。皇家园林生产性景观很少存在，早期有狩猎、求仙和通神等功能，后期游园活动成为主导功能。这一时期，利用山水地势起伏变化修建台、宫、馆、阁等，建筑景观较为突出，满足游赏、娱乐、会客乃至礼仪等多功能需要。例如楚国章华台、吴国姑苏台。

汉代上林苑在秦代宫室旧址基础上扩建而成。上林苑以山水拟造神仙方士仙境，仿太液池、蓬莱、方丈和瀛洲形成“一池三山”的形式。这种“一池三山”的园林格局，成为后世宫苑中池山之筑的范例。上林苑有规模宏大的建筑群，从各地收罗的名果异树两千余种。《史记·平准书》和《关中记》记载，昆明池东西两岸立牵牛、织女石像，作为天上银河天汉的象征。这两件西汉石雕作品至今保存完整，当地人称为“石爷、石婆”。《三辅故事》云：“昆明池三百二十五顷，池中有豫章台及石鲸，刻石为鲸鱼，长三丈”“昆明池中有龙首船”。这一时期也开始出现私园，西汉茂陵富商袁广汉在洛阳北邙的私园“构石为山”，园林饶有趣味。汉代景观小品有盆景、假山、石雕、铜器和陶器等，形式古朴，题材包括人物、动物、植物、神话传说等，具有象征意义的景观小品，例如“五福捧寿”等在园林小品类型中开始出现。

在景观小品形成期，除了园林中的小品形式外，古代的宫殿、庙宇、庭院等环境中也出现了与其场所性质、所在位置相契合的特定小品形式。这些特殊位置的景观小品在发展中，逐渐与原有使用功能偏离，通过形制不同彰显空间拥有者的身份、地位和观念的差别，体现出更多的美学意义和社会价值，例如华表、影壁等。

华表是古代宫殿、陵墓等大型建筑物前面的石柱，作为中国古代传统建筑形式的附属物，其作用是部落图腾标志，或指示方向抑或供人书写谏言，针砭时弊之用。在东汉时期华表由木柱改为石柱，后期多为汉白玉材质，坚固性逐步增强。随着时代变迁，华表在经久耐用性增强的同时，原有的使用功能逐渐消失，

---

① 盛广智．轻松读国学：诗经［M］．长春：吉林文史出版社，2019.

图 1–5 华表

从而发展为竖立在宫殿、桥梁、陵墓等前的装饰大柱，艺术性更为突出，示例见图 1–5。

影壁，又称作照壁、影墙、照墙。功用是作为建筑组群前面的屏障，主要作用是区别公私空间和内外环境。随着尺度规格、形式建制、繁复华丽的表现形式出现差异，影壁在威严、等级上的象征意义显现，成为地位和身份的象征。西周礼制规定，只有王家宫殿、诸侯宅第、寺庙建筑才能建筑影壁。在陕西考古出土的一处西周建筑遗迹中，有长 240 厘米、高 20 厘米的影壁残迹，这是中国至今发现的最早的影壁。影壁除了装饰作用，还具有挡风遮蔽视线的作用。随着时代发展，因影壁具有文化性、实用性和审美性，使用范围被逐渐广大，士大夫、富贾豪绅也在院落建造影壁。影壁在后期发展中出现了多种样式，例如苏州周庄一主二从影壁（见图 1–6）、宣城市泾县三希堂文化园一字影壁（见图 1–7）、座山影壁、独立影壁、八字影壁等。

图 1–6 一主二从影壁

图 1-7　一字影壁

二、发展成熟期（魏晋至唐宋时期）

魏晋南北朝时期是中国社会的转折期，也是中国古典园林发展的转折期。动荡的社会政治环境，避乱世于山林的社会现象触发私家园林兴起。魏晋思想文化的多元化和士人山水园林意识的增强促进这一时期园林的快速发展。由于私家园林兴起是这一时期园林发展的一个显著特点，园林规模从大变小，园林造景从过多的神秘色彩转化为浓郁的自然气息。创作方法由写实趋向于写实与写意相结合，由再现自然进而发展为表现自然，由单纯的摹仿进而发展为适当地概括、提炼。总之，无论是园林规划设计还是景观小品设计，其设计活动升华到艺术创作的境界，景园形式和内容更具观赏性。

东晋顾辟疆的私园是江南最早的私家园林之一。“广陵城旧有高楼，湛之更加修整。南望钟山，城北有陂泽，水物丰盛。湛之更起风亭、月观、吹台、琴室，果竹繁茂，花药成行，招集文士，尽游玩之适，一时之盛也”。(《宋书，徐堪之传》)。这些园林规划及其小品细节的创作形式深刻影响后代私家园林的建设，特别是对文人园林的发展，示例见图 1-8。

图 1–8　私家园林小品

唐宋是中国园林艺术的兴盛时期，皇家园林、私家园林以及寺观园林在规模和数量上都呈快速增长趋势。园林设计更加注重层次和意境，在制作技艺上达到了前所未有的高度，在材料的选择上更加多样，园林小品的形式和功能变得更为丰富，示例见图 1–9。

中国石材种类多，其特有的纹理、色彩、造型和轮廓具有美学意义，可以塑造出巧妙多变的造型。因此，在这一时期石材开始受到造园者的偏爱。为获得好的园品，造园者会搜罗各地景石珍宝，常用的石材就有数十种之多，例如宣石、黄石、太湖石（见图 1–10）、金钱石、泰山石、灵璧石、岘山石、海浪石、紫金石等。巧妙处理景石造型和形式布局，可以达到寸石生情的效果，形成较好的意境。

图 1–9　寺观园林小品

图 1–10　太湖石

这一时期造园采用假山、竹景、石雕、木雕、砖雕、陶瓷等多种形式，根据材料、形状、纹理、色泽等量体裁衣、精巧构思。景观小品的题材也更加广泛，除人物、山水、动植物外，包括典故、戏文等。同时，园林景观小品与建筑装饰紧密结合，形成了独具特色的唐宋园林风格。

随着南北朝宗教文化的兴盛，还出现了以寺庙、石窟、塔楼等宗教建筑为依托，雕刻、壁画、碑刻等艺术形式展现宗教文化的景观小品。北朝时期盛行摩崖石刻，摩崖石刻包含文字石刻和造像石刻。石刻内容丰富，后世的石刻内容不只限于宗教，很多石刻遗存还记录了自然地理、历史、文化等内容，示例见图 1–11。

图 1–11　文字石刻

在古代，人们会在城门、府衙、寺庙、陵墓、甬道等重要位置立具有特殊意义的景观小品，例如石阙、石人、石碑、石柱、石狮、石象、石骆驼、石马等。这些大型石刻形成了相对固定的形制，有助于彰显所在区域的肃穆与威严，示例见图 1–12、图 1–13。

图 1–12　佛寺石人

图 1–13　古教弩台石狮

三、巅峰期（明清时期）

江南地区水脉丰沛、气候温润，适合花木生长，加之明清时期江南地区文风兴盛，民间建筑技艺精湛，文人参与造园设计，促进了一批优秀造园家的涌现，从而提高了文人园林的发展水平。同时，江南经济富庶，财力强大的园主人愿意为造园符合园林意境而付出大量经济成本。在这些因素的共同推动下，明清时期江南园林及其小品设计达到前所未有的艺术成就，形成了拙政园、留园等一批典雅、精致的江南文人园林，园内景观小品种类多样，以石景、舫、轩、亭等小型园林建筑为突出特色，示例见图 1–14、图 1–15。

图 1–14　苏州拙政园内亭

图 1–15　苏州留园冠云峰

在这一时期，写意山水园林处于主导地位，文人画审美理念不仅决定了园林的总体规划，写意创作理念也深刻影响了叠山、理水、景墙、铺地等具体的艺术手法和艺术形式。同时，景题、匾额、对联等点睛作用，令这一时期的园林更具诗文意境，从而促进江南园林形成典雅的审美感受。

皇家园林规模上依然保持了恢弘的皇家气派，殿前堂下的陈设小品尽显皇家尊贵。同时，在园林构造手法和细节塑造方面，皇家园林也借鉴吸收江南园林的优点，例如北京颐和园、承德避暑山庄。

明清时期，西方文化开始进入中国，并对中国园林艺术产生影响。此时欧洲传教士被允许参与修建圆明园，这是首次引入西方造园技术的大型园林建设。虽然圆明园中的景观及其小品具有较高的审美和艺术价值，不过遗憾的是，因使用西方造园技术的园林在中国公共空间景观中的比例较小，未能引起中国古典园林艺术总体上的变化，也就未能形成中西两个园林体系的融合。

四、现代发展（20 世纪至今）

20 世纪以来，随着现代城市化进程的加快，景观小品在现代城市环境中扮演着越来越重要的角色，表现内容越来越丰富，各种生活题材日益受到关注。器物拟人化、戏谑化，宏观物体微观化、微观物体宏观化等多种艺术形式出现在城市环境中，形成了现代主义、后现代主义、波普风格（见图 1–16）等艺术流派。

图 1–16　波普风格公共艺术

现代景观小品不仅注重审美性和实用性，还适用于城市发展需要，功能从单一到多元化发展，内容和形式上更加丰富多样。景观小品不再仅仅被视为公共空间的装饰元素，或是艺术家个人观念的表达，而是更加注重小品融入城市日常生活，符合时代背景下各类实际需求，体现景观小品的多重作用。

在设计理念方面，生态设计、绿色设计和可持续设计等现代理念逐步与景观小品融合，促进景观小品沿着不同方向产生更多创新成果。特别是借助现代智能技术，景观小品呈现新颖、智慧和时尚的发展趋势。例如，百度与海淀区建设全球首个 AI 公园，公园喷泉能跟着人手势高低做相应起伏，公园座椅提供手机充电的同时实现座面加温等；合肥骆岗公园的照明设施可以实现人来灯亮、花朵型景灯能应景绽放等。这些新型景观小品是现代设计理念和智慧科技的共同成果。

总而言之，现代景观小品的概念是近年来才被学界认可，但是景观小品涉及的具体种类，其历史却很长。尽管学界对景观小品的概念还没有完全统一，但其社会功能已得到普遍认同。中国景观小品的发展，从早期较大程度依附于中国园林艺术和城市发展，到成为独立的艺术类型，其发展过程体现了我国独特的审美理想和探索历程。如今，景观小品已经成为城市建设中不可或缺的内容，在当代背景下，艺术类景观小品强调更多地融入公众审美需求和时代风尚，功能类景观小品强调实用、高效的小品功能，以及依托科技满足不断发展的新功能需求。在国家大力推动城市更新的背景下，景观小品作为经济适用型产品，在城市更新中具有广阔的发展空间。

第三节　西方景观小品发展历程

西方景观小品的发展可以追溯到古希腊时期，这一时期，古典园林和城市广场的发展带动了景观小品的发展。古代欧洲在园林、角斗场、集会和具有杂耍功能的公共场所，形成的公共艺术及功能设施，提升了西方古代城市的城市功能。

一、欧洲景观小品发展

欧洲古代园林、城市广场的建设，通常围绕宗教或神话主题建造，建筑内外的装饰也多围绕着相关主题展现。古希腊、古罗马时期优美繁复的装饰性元素，常常出现在建筑和人物雕像上，强调形式感和秩序感。中世纪园林通常与城堡或修道院相关联，也有实用性的花园，例如药草园，神学内容的雕塑和自然景观是这一时期园林的重要装饰。

文艺复兴时期，意大利成为欧洲园林艺术的中心，其台地园是这一时期的园林建设典范。意大利国土多是山地和丘陵，人们通常将建筑建在山坡的最高处，以山体为中轴自上而下开辟层层台地，利用地势使水由高至低流淌，依次呈现水瀑、水梯、喷泉和水池等水景小品，周围配置修剪整齐的花坛和希腊神话雕像，示例见图 1–17。

法式园林风格在这一时期逐渐成熟，并影响了整个欧洲。法式园林以中轴对称或规则式布局为特色，强调对称、几何形状，大理石、花岗岩和马赛克等石材是公共艺术雕塑主要材料，花木修剪整齐，人像雕塑、喷水池是法式风格小品的典型形式。

图 1–17 欧式古典园林小品

近现代以来，欧洲出现了围绕博物馆、名人故居和艺术馆相关的景观小品。随着工业革命，城市公园和街区花园的出现，园林艺术开始向公众开放。随着人本主义造园宗旨日趋被大众接受，城市园林、园林城市和自然保护区园林更加强调与生态环境建设相协调。

二、城市公共艺术百分比计划

从 20 世纪开始，西方国家开始重视公共空间中的装饰性景观小品——公共艺术。公共艺术是现代城市及社区展示自我特色的手段之一，超越了传统博物馆和画廊中艺术表达的局限性，不仅是城市文化的具体体现，也是城市形象设计的一部分。城市公共艺术为公众提供了在开放空间中接触艺术的机会，通过视觉、审美和文化的对应关系，艺术和当代城市发展思想的一致性，在改造城市环境的同时，实现对人们精神世界的影响。

为发挥城市公共艺术的作用，美国率先实施公共艺术的“百分比计划”。“百分比计划”政策起源 20 世纪 30 年代罗斯福时期。政策初衷旨在希望依托艺术家的文化创作活动带动经济发展。1959 年，费城通过了“1% 法案”，成为首个实施“百分比计划”政策的城市。“1% 法案”规定政府从公共工程的预算中拨出一定比例的资金用于艺术品的购置和展示，通常资金比例为 1%。这些公共艺术项目不仅限应用于政府建筑环境，还包括公园、学校、医院等所有城市空间。这些公共艺术作品以其独特的艺术吸引力和文化内涵，改善了人们的日常生活环境，提升了人们的愉悦体验，成为连接人与城市空间的重要纽带。

随着建造和维护艺术品成本以及艺术品市场价值的变化，政府不得不提高公共艺术项目预算的拨款。20 世纪 80 年代，由于美国联邦政府和州政府削减基础设施资金，为应对这一状况，区级政府开始引入鼓励性政策。在鼓励性政策中，开发商通过参与公共艺术的设计，或为城市住房和市政基础设施的改善提供资金，可获得额外容积率奖励。到 21 世纪初，这项政策已经成为推动美国城市公共艺术规划及发展的主要政策。

全球范围内，许多国家采取了与美国相似的“百分比计划”，以促进公共艺术的创作和发展。这些政策不仅提升了公共艺术在城市建设和文化生活中的地位，还促进了艺术与社会之间的互动和发展。意大利的“2% 法规”（1949 年设立的第 717 条法律）是国家级立法中的一个独特例子，它专门规定了公共艺术和公共建筑的资金比例。芬兰则从 20 世纪 30 年代开始实施“1% 原则”，逐渐将其扩展到所有公共建筑和城市建成环境的各个方面。赫尔辛基市在 1991 年成为首个将这一政策应用于所有建筑项目的城市，这一举措极大地促进了该市及其周边地区的文化艺术繁荣和整体经济发展。

这些“百分比计划”政策通常会形成一个从中央政府到地方政府的完整法规体系，既能推动公共艺术作品的创作和展示，又能提高公众对艺术的兴趣和鉴赏能力，丰富城市的文化生活，为艺术家提供创作机会和舞台。通过实施这些政策，公共艺术成为城市环境的重要构成，对提升城市的文化价值和居民的生活质量具有显著影响。

小结

从历史发展的角度可以看出，景观小品随着时代发展呈现出不同的发展面貌。中国景观小品的发展历程，与中国园林艺术和古代城市发展密不可分。国外景观小品的发展，在意大利、法国等国各自形成自己的特色，并通过实施“百分比法案”推动景观小品在当代经济生活中发挥作用。时代不断前行，理解景观小品传统面貌和发展历程，才能更好地寻找到发展新方向，这是做好设计创新的基础。

第 2 章
景观小品对城市形象的塑造

第一节 景观小品塑造城市形象美

从视觉传达的角度而言，城市环境是一个图像化的世界[①]。城市中的装置艺术、壁画、雕塑、景观设施等，不仅是审美活动的载体，还是塑造美好城市形象的有形介质。通过对美学原理的应用，艺术家创造出具有视觉冲击力和艺术表现力的景观小品，使其呈现出美的形态，促进人们心中形成关于城市的美好印象。

一、塑造形态美

发展美好人居和旅游环境，是当代城市建设最为核心的目标。富有美感的艺术景观小品，是城市亮点和城市形象美的重要内容。景观小品优美的视觉形态使人获得愉悦的感知体验，加深了人们对城市环境的观览和探索欲，为城市吸引了更多的游客。形象突出的景观小品可以成为城市标志性景观，促进塑造富有城市特色的旅游形象，带动城市经济发展，提升城市竞争力，示例见图 2–1。

在提升城市环境过程中，除了创作新的景观小品，利用已有场地条件和旧有设施进行改造、美化使其成为景观小品，也可以旧貌换新颜，快速、经济地树立城市美好形象。2023 年，将合肥旧机场改造为园博园的活动启动，用于稳定电力的箱式变压器分布于公园，显得杂乱且缺乏美感。景观设计师将变压器精心包装，外观做成礼盒形式，使笨重的电力设施变成了公共艺术。对于变电箱、户外电表、消防栓等市政设施，在表面绘制图画，或者将四边围合以挡板遮盖，再对挡板进行彩绘、贴面和装饰后，可美化改造为美观的小景，示例见图 2–2。

---

① 王曜．移栽的公共艺术［J］．上海艺术家，2015（6）：21–25.

图 2–1 城市景观小品

图 2–2 电力设施改装小品

通过布局形态优美的景观小品，不仅可以让城市社区空间充满美好事物，形成城市环境的良好外观，还可以培养大众的艺术素养，引导民众审美品味。

二、塑造色彩肌理美

景观小品的色彩肌理，展示的是城市环境的细节之美。景观小品色彩肌理美，可以通过喷涂或是展现材料的原有质感而获得视触觉体验。设计师根据创作需求，选择喷涂或裸露原材料的方式，展现出装饰之美，或本真的色彩肌理美，形成两种不同的艺术表现力。

建设景观小品既需要考虑造型外观，又需要兼顾后期保存和维护，因此，对造型进行表面喷涂是一种科学有效的方式。喷涂后的景观小品具有更好的耐候性、耐老化等特点。喷涂雕塑等常用的材料有金粉、镜面亮银漆等，彩绘平面形象常用的材料有油漆、丙烯颜料、外墙漆、蒂凡尼彩绘胶等。不同喷涂材料体现出各色美感，喷涂后的材料往往具有非常强烈的色彩魅力。景观小品表面做喷涂处理，不仅使得景观小品表现力增强，整个空间丰富生动起来，同时更能经受风吹日晒、酸雨潮湿等，从而促进景观小品长久地保持外观形象美。如图 2–3、图 2–4 所示的景观小品，因表面喷涂处理得当而具有装饰感强烈的色彩肌理美。

图 2–3　雕塑《游鱼》

图 2–4　雕塑《禾泉壶》

石材、木头、金属、玻璃、陶瓷、塑料等直接裸露展现材料真实外观，也能体现出生动的色彩肌理美。木材坚韧而富有弹性，呈现出自然、温馨的肌理感，其表面纹理因树种而异，或细腻柔和、或光亮如丝、或质朴粗糙，形成不同的温度和质感，是塑造自然美的首选材料。铁展现出坚硬、冷峻的肌理感，触摸时手感冷硬，心理感沉重。大理石纹理多样细腻，光泽度高、质感柔和，显示出优雅、高贵的肌理感。巧妙地发挥不同材质特点，使景观小品和所在空间在表现风格上保持一致，借助材料肌理美传达丰富的语义和思想情感。

通过凿、刻、划、磨、抛光等手法，对材质表面进行加工，使之具有粗糙、光滑、细腻等不同质感，使作品更具细节魅力。例如，石材粗犷、坚硬，未加工的石材表面呈现不规则颗粒感，抛光后形成光滑的表面，火烧、雕刻后则形成立体纹理。可见，同一种石材工艺不同时，色彩肌理效果有时差异也很大。景观小品的品质塑造在于细致入微地刻画，通过工艺的精微运用，展现城市环境形象的细节之美，示例见图 2–5、图 2–6。

图 2–5　名称：天井 2 号；
材质：黑色花岗岩

图 2–6　名称：云起落；材质：不锈钢

为了提升景观小品的色彩肌理美，要注意区分材料的细微差异。例如，怀旧主题的景观小品想表达岁月沧桑感，造型表面呈现作古做旧的效果，可以选择石材，如江西产的黄色板岩，也可以选择做绣铸铁，模仿红锈斑驳的效果，或者使用哑暗的铜材也可以达到类似的预期。具体如何选择可以根据作品立意和主题加以甄别，示例见图 2–7、图 2–8。总之，可以通过对材料色彩肌理的筛选，寻找适配景观小品主题的细节，彰显城市形象的精致卓越。

图 2–7　名称：天堂和声；材质：铁

图 2–8　名称：坐像 – 影之影；材质：铜

第二节　景观小品提升城市生态美

一、城市生态美

城市生态美要求在景观设计过程中，正确处理好人与自然之间的关系，尊重自然，实现人与城市自然生态和谐。自然生态系统与人类社会系统不断进行物质、能量和信息的交换，维持人类生存、满足人类发展需求。景观设计的生态主义强调人与自然生态系统的共生和合作关系，通过与自然生态系统的共生与合作，从而达到城市生态美。

艺术观赏类生态小品，有的以独立植株的形式展现生态美，有的以小型生态群落的形式展现生态美，如公园内的花池、绿雕、树池，居住区内围绕池塘形成的植物群落等，示例见图 2–9。群落系统内的生物是多种多样的，生态主义的景观设计尊重生物多样性。在进行景观设计时，观赏类生态小品需要保持并融入原有生态系统的自然生长状态，尊重生物多样性。在环境中加入辅助、促进植物生长的设施类景观小品时，要充分尊重自然，减少对各种生态系统的干扰。景观小品设计需因地制宜、充分利用原有的地形、水和植被资源，尽量避免对微气候、土壤、植被、水分等进行破坏，将景观小品的生态美与城市环境美融为一体。

图 2–9　城市花海

二、生态绿雕

生态绿雕是指对乔木、灌木等植物进行修剪成一定形态，或者将花卉草木等按照一定主题进行种植，在造型上模仿某种形象而形成的植物雕塑。生态绿雕在使用材料上突破金石等无生命力的传统材料，让雕塑艺术不再受单一固定造型的桎梏。生态绿雕取材丰富、绿色可持续，生活中的各类植物都可以作为生态绿雕的材料，形成"人—自然—艺术"融合的新艺术形象。生态绿雕在塑造城市环境的同时，还可以释放氧气、吸收二氧化碳，净化空气等，满足人们回归自然的心理，改善城市居民的生活方式。

生态绿雕分为盆景雕塑、现代绿雕和植物壁雕三种形式。

（一）盆景雕塑

盆景雕塑是在盆内栽种，经过特殊修剪而形成的植物景观。盆景主体是盆内植物，有时为更好的表达意象美，会以山石、人物、建筑等作为辅助道具，从而表现空山旷野、古寺松石、佛心刹寂。盆景雕塑对植物种类有特殊要求，终年常绿，或者花期、花色、花香方面有突出的优点为上品，常用的有五针松、罗汉松、桧柏、黑松，以及茶花、雀梅、六月雪、寿星桃、火棘、石榴等，示例见图 2–10。

图 2–10　盆景雕塑

盆景雕塑的设计关键在于源于自然植物，而高于自然。质朴无序的自然植株，经合目的性的修剪、嫁接，呈现直干式、斜干式、卧干式、悬崖式、曲干式、双干式、丛林式等艺术形态形成生境和意境。

（二）现代绿雕

现代绿雕分为两类。一类是以枝干粗犷的植株为砧木，在其上嫁接花色不同的新植株，然后对长成的植株继续加工而成的绿雕。对颜色、种类、枝叶进行组合，可形成各种观赏性强的造型。另一类是以金属、木材等为框架，利用植物攀缘形成植物绿柱、花廊，或框架覆盖泥土，泥土上种植花草，从而形成大熊猫、孔雀、牛等动物造型。这类绿雕立体感强，主题鲜明。城市街头的现代绿雕多为欢度节日、吉庆呈祥等主题，常以常绿植物搭配时令花草，常用植物有五色苋、国庆菊、婆婆纳、紫花地丁、彩叶草、月季等。如图 2–11 所示，左侧图为南京绿雕，右侧图为马尼拉绿雕。

图 2–11　现代绿雕

（三）植物壁雕

植物壁雕是依托墙壁或立面结构而栽植，形成富有艺术感、生命力的植物群落。由花卉草本构成景观主体，同时辅以植物生长的花盆架、花盆、供水系统、节水系统。常用植物一般株型较矮，如矮菊、串红、孔雀草等。如图 2–12 所示，是苏州周庄壁雕。

图 2–12　植物壁雕

三、生态花镜

生态花镜一般利用露地宿根花卉、球根花卉及一至二年生花卉，栽植在人行绿道旁、树缘、绿篱、草地和花园的边界处。花镜的创作灵感来源于自然风景中植物自然优美的生长状态。通过调整花草种植边界和高度，搭配品种和色彩，模拟植株花草优美生长的方式，形成虽由人作宛若天成的状态，示例见图 2-13。

图 2-13 生态花镜

生态花镜讲究因地制宜、因势造景，植物高低错落，花镜轮廓呈自由曲线，追求自然和韵律美。根据场地空间大小，花镜可形成单面或双面观赏视角。花镜从前景、中景到最高层次的植株形成坡面，层次高低错落起伏变化。花镜尺寸可大可小规模不一，通常花镜的长轴偏长时，采用单元重复的设计手法种植植物，从而形成韵律和节奏感。花镜短轴宽度不宜过窄，否则难以体现生态群落景观，也不利于后期养护。

花镜常用的有宿根、球根、地被、灌木、草本花卉等。为实现更长存活期，花镜栽培常以管理粗放的宿根花卉为主，适当配置一至二年生草本和球根花卉，或全部用球根花卉配置。为实现色彩丰富，花色层次分明，要注重植株的色彩、姿态、体型及数量的协调与对比，注意季相变化，实现四季有景、随时可赏。

四、生态水景

生态水景小品如广场的水池喷泉、旱地喷泉，居住区中的假山流水、叠水瀑布，公园内的径流小溪、人工池塘等。生态水景能够模拟自然水体环境，提供生态系统中的水循环服务。水体中的植物和水生动物共同构建一个小型生态系统，有助于净化水质，减少污染。同时，水体能够吸收周围环境中的热量，通过蒸发作用降低周围温度，改善城市微气候，示例见图 2-14。

图 2–14　生态水景

总之，无论是生态绿雕、生态花镜还是生态水景，作为城市空间中富有生命力的景观小品形式，可以较好地提升城市环境的生态美。从宏观来看有助于构建城市生态网络，有利于生物种群和谐发展，从微观上有助于形成舒适的局部区域小气候、小生态，促进居民健康生活。

第三节　景观小品对人的庇护疗愈

随着城市化发展、生活节奏加快，人们的压力也越来越大，关注人们的心理健康，为人们提供疗愈身心的环境，成为城市建设的新课题。1983 年，美国密歇根大学 Kaplan 等教授提出了“复愈性环境”概念，此后，学界开始研究自然环境和人类压力水平及认知能力之间的相关性。事实上，我国古人提出天人合一的理念，即是强调自然景观的疗愈作用。景观小品通过影响人的体验、干预人的心理来缓解压力，实现对人的心理积极引导和疗愈。

一、景观小品的安全庇护作用

与饮食生存同等重要的是人类安全需求。安全设计是城市设计中的一项重要工作。在城市复杂的运作体系中，需要设计与防水、防火、防震相关的应急服务机构和安全服务设施，以帮助人们能够从容应对突发情况。古代庭院中常常设置水缸、水池和水井，留作防火救灾之用，如图 2–15 所示。蚌埠米粒花园的路边设施既是养荷花的水景，也可以作为小型消防水池，如图 2–16 所示。

图 2–15　古井

图 2–16　消防水池

城市日常出行难免会遇到日晒雨淋的天气、拥堵的交通、漆黑的道路……身处这类环境下，人们难免焦虑、冲动。合理分布安全庇护设施，可使人们的日常生活更加便利，减少安全隐患。例如，在城市街头、路口设置标识牌、遮阳棚、候车亭、照明设施等；园林中利用亭、廊、轩、榭等人工构筑物，为游客提供庇护休憩功能，改善出行的舒适性。近年来，很多城市的交通路口都设置了遮阳蓬，为等待红绿灯的行人蔽日遮雨，人们获得了庇护内心不再焦虑，这提高了人们遵守交通规则的概率，也维护了社会安全。

在日常生活中，景观小品中的宣传栏等设施可以发挥安全宣传的作用。通过增加安全知识宣传栏、应急避难场所示意图（见图 2–17）等发挥安全教育作用。以文字、图形、电子屏幕等多种形式提醒人们安全的重要性，科普安防工具操作技术，讲解应急避难知识、急救知识、禁烟灭火知识等，防患于未然。避险引导灯、庇护所指示牌、地面引导铺贴、应急灯等应急设施，应设置在可见度高的地方，方便人们在紧急情况下快速找到和使用消防、安防设备，如图 2–18 所示。

城市公交亭不仅具有遮阳避雨的庇护作用，有的公交亭还安装了宣传栏、车辆到站显示屏、座椅，并配备开放无线网络、充电插口、急救包、应急电话等服务内容，体贴入微地为人们安全、顺利出行保驾护航，如图 2–19 所示。

图 2-17　安全宣传设施

图 2-18　消防安全设施

图 2-19　多功能公交亭

二、景观小品的精神疗愈作用

（一）美好形态的疗愈作用

具有艺术表现力的造型，不仅能够美化环境，还能够通过其独特美感，带给人们不一样的审美体验，对人的精神具有疗养、安抚作用。置身于美景，人们自然会感到心情愉悦、重获能量。围绕景观小品形成的休息和放松的场所，让人在安静闲适的空间释放压力、放空身心。

（二）声音的疗愈作用

在景观小品的物质构成要素中加入自然界的声音、背景音乐等声音要素，不仅能够改善环境的氛围，还可以促进市民心理健康，使人们获得精神疗愈。景观小品具备美观的造型，结合优美的声音旋律，可以在视觉和听觉的角度疗愈身心。借助自然声音或用音乐作为背景声音，能够降低外界噪音的干扰，帮助人们提高注意力和专注力，示例见图 2-20。

图 2-20　叠水小景

1. 景观小品设计融入自然声音

自然界的声音有风雨声、蛙虫声、鸟鸣等。景观小品中常用水声作为自然疗愈的声音，涌泉汩汩声、叠水潺潺声、小溪叮咚声、瀑布哗哗声等，对人类具有天然的安抚催眠效果。水与特殊处理的墙体、地面摩擦、拍打而发出的声音，可以产生特定的音效。景观小品设计中融入水流动的形式，让人能聆听到水声，可使人降低皮质醇（一种压力激素），进而放松身心、提高情绪。令人愉悦的声音，帮助人们更好地连接自己的身体和心灵，使内心达到平静、宁静的状态，示例见图 2-21。

图 2-21　喷水小景

图 2–22 假石音箱

2. 景观小品设计融入背景音乐

景观小品内置音乐装置，发挥声音疗愈功能。设置小型音响，让其以巧妙的形式融入城市社区的草坪、道路、路灯杆、候车亭等，市民可以在休闲娱乐的同时享受美妙的音乐，改善情绪，提升人们的幸福指数。音乐景观小品作为交流和互动的信息媒介，可以拉近人们之间的距离，带动公共环境的社交功能，提升城市公共空间使用价值，示例见图 2–22。

3. 景观小品融入机械声音

景观设施的构件，在风能、机械动能等作用下，相互撞击发出的愉悦声音也能对人起到疗愈的作用。清脆的铃铛声、悠扬的钟声、微风拂过叶片的声音等，具有平静、安宁的音色，可以安抚情绪，减少焦虑和抑郁情绪。蚌埠市淮河路华运超市广场的钟塔，每当整点报时，悠扬的钟声响起，让人不只是明确了时间，同时感受一份宁静祥和，如图 2–23 所示。

图 2–23 钟塔

第四节 景观小品协调城市公共关系

一、景观小品链接城市公共空间

从空间整体性考虑，景观小品具有连接各个功能区的作用。艺术类景观小品处于环境节点位置，景观节点串联起来即可构成景观轴线、形成景观廊道。艺术类景观小品把一处处景致巧妙地组织起来，引导观众自然地从一个空间进入另一个空间，使景观整体变得有序统一。功能类景观小品在空间中作为过渡和连接的纽带，发挥辅助空间功能的作用，通过功能型设施形成聚合、离散人群的效应，为市民提供放松身心、享受休闲时光的场所。

景观小品的空间协同作用对于景观游览路线设计非常重要。景观小品如果不恰当地处在游览路线上，或者选址不佳，会打乱游客的游览节奏，好的景致也会无人问津。因此，景观小品的位置设计应与景观规划保持同步协调，根据空间属性、空间功能、空间使用主体等布局景观小品位置。不同的景观小品处在各自空间发挥作用，又保持整体连接，使环境空间整体相关、相映成趣。

在商业空间中恰当的设置景观小品，可以对其商业价值起到增值作用。将城市公共艺术设置在交通流线关键点，以吸引行人驻足，提升该区域人流聚集效应，提升场所的人流量从而获得商业价值。人流密集区域设置休闲座椅、遮阳庇护设施，能够缓解人们购物疲劳，提升购物体验，从而增长其停留购物的总时长，促进商业价值的实现。

二、景观小品促进市民交往

当前，城市化发展迅速，城市孤岛效应日益显著，出现了所谓的“宅文化”现象，个体互动和社区联系逐渐减弱，人际关系变得冷漠，社会活力下降。在这样的背景下，城市公共空间需要设置更多的艺术类景观小品和功能类景观小品，发挥各自作用，促进市民交往。

美好、丰富的艺术类景观小品引人驻足。便利的功能类景观设施，吸引人们走到室外、增加户外活动，促进人与人之间的社会交往。在景观规划过程中，要更多地增加公共活动区的服务设施，打造可以开展休闲活动的场所。为成年人服务的公共设施，例如户外棋台、健身器材等，通过提供下棋、健身的功能，形成人与人交往的纽带，以增加人们社交互动的机会。儿童休闲区，需要具备丰富且有趣的儿童设施增强孩子的社交动力，例如滑梯、沙池、互动景观墙、迷宫、戏水台等互动性强的设施。静态休闲区，设置长椅、亭子、遮阳棚、篝火台等，鼓励人们坐下来、静下来进行愉悦的交流。增强空间的社交属性，可以增进人与人对彼此的了解，促进社区文化认同和社交互动，人的归属感自然会获得提升。令人舒适的社交环境离不开绿化、照明和通风等辅助设施。为休闲活动创造舒适的环境，种植遮阴蔽日的树木，设置夜间照明灯具，以及保持良好的安全防护设施，增强人们户外活动意愿。

总之，发挥各类景观小品作用，形成市民活动空间，促进人们更多投入户外健身、休闲活动，增进市民交往和友爱关系，形成更加和谐的社会关系。

三、景观小品协调多元群体需求

城市景观小品种类多样，能够满足年龄、背景不同的群体城市生活需求。

城市景观小品例如公园的长椅、亭子等，为老年人提供了休息、社交的场所。同时，一些带有健身功能的景观小品，如棋台（见图 2–24）、活动器材、步行道等能满足老年人锻炼脑力、锻炼身体的需求。城市中的景观小品，例如户外咖啡馆、座椅、舞台、垂钓点等，为青年人提供了聚会、交流的场所，有助于增强青年人的社区归属感。儿童游乐设施，例如滑梯、摇摇车、蹦床等，为儿童提供了娱乐、游戏的场所，也为家长提供了陪伴孩子的空间。蚌埠市米粒花园的动物座椅，是专门为满足目标消费群体——儿童的心理需求而设计的，其奶牛造型的趣味性设计活跃了环境氛围，如图 2–25 所示。

图 2–24　棋台

图 2–25　儿童座椅

景观小品还应考虑到特殊群体的需求，例如残障人士、少数民族人士。城市景观小品在设计时应考虑到残障人士的需求，设置无障碍通道、扶手等，使残障人士也能方便地使用景观小品，享受城市生活。设置具有民族特色的雕塑、壁画等景观小品，满足不同民族文化背景人群的需求。

小结

随着时代的发展，景观小品已经从最初的以审美愉悦为主要目标，向在城市生活中发挥更多功能作用转变。景观小品提升城市形象美和生态美，给人以庇护和疗愈，协调城市公共关系，通过发挥上述四种功能，达到塑造城市形象，促使城市—环境—人的协调 发展。

第3章 基于地脉的城市景观小品设计

第一节 城市地脉概述

一、城市地脉概念

“地脉”是中医理论术语，用以表述人体内的经脉，后来被借用到地理学领域。地理学中的地脉是指地表的形态和地貌特征，包括山脉、田园、河流、湖泊等形态，以及其相关气候状态。山脉形成城市的自然屏障，而河流则为城市提供水源和水运通道。地脉决定了城市的水资源、土壤类型和气候类型，形成的城市地理生态是城市诞生和发展的基础。在现代城市规划中，地脉制约城市的布局和形态，城市人文环境也深受地脉的影响。城市因处于山丘、平原、海岸线等地理位置而呈现独特的城市特征，如重庆山城特色、青岛海滨城市特色。

依附于地脉生存的动植物，是地脉的天然附属物，是地理环境的有机组成部分，它们与地理环境在相互依存中共生发展。动植物的种类和分布受到地理地貌的影响，而动植物的存在又影响着地貌的演化。例如树木可以防止水土流失，水草可以吸附水体有害物质、保持水源地的清洁，而湿地为各类动植物提供栖息地，对于维持生物种群生存起决定性作用。在城市环境中，地脉概念体现的是城市发展与自然环境和谐共生的理念，地脉的要素内容是景观小品创作的天然题材。

二、基于地脉的景观小品设计思路

基于地脉的景观小品设计，其设计内容一是展现地表形态、地貌特征和气候等无生命地理物象，即自然界天地景象；二是展示地表之上的动植物等有生命物象；三是展示人类与自然斗争发展的成果，展示人类获得的地理科学知识，以及人的天地自然观念。

良好的城市自然地理环境，为居民提供美好生活空间。基于地脉的景观小品设计方向，是围绕地脉形成普及地理知识的生态教育空间和健康生活的生态休闲空间。以城市地脉为表现内容的景观小品设计，对于展现城市环境的形象美和生态美具有重要意义。

第二节 基于地脉的景观小品设计案例

一、地形地貌主题景观小品

设计地理主题的景观小品，需考虑如何在造型中融入自然地形和地貌特征，传达地理知识，展现山川地貌肌理与空间格局之美。

首先，根据城市是山城还是平原城市，是内陆还是沿海沿湖城市等，分析城市地理特征，确定模拟对象，例如沙漠肌理、平原风貌或山地风貌等。

其次，选择能够恰当体现城市地形、城市地貌、城市格局、城市街巷等特色的造型艺术，例如雕塑、装置艺术、地面铺装等。

最后，使用象征性或隐喻性的设计语言，例如用流动的线条代表河流，用高低错落的地形代表山脉，片石堆叠表示群山等。根据表达需要选择采用石头、沙子、水等自然元素，以小见大、以点代面、以少代多地再现自然环境特征。例如日本造园中的枯山水，以沙代表河流，以石头表示山川，如图 3-1 所示。

图 3-1 日式园林枯山水

自然中真实的地理地貌规模宏大，展示地理地貌的景观小品，要根据场地尺度灵活处理。例如展示城市地图时，把地图以地面铺装的形式和休息平台、观景台、广场地面结合，或者与景墙结合，功能合并以节约空间。如图 3–2 所示，合肥园博园内广场地面镶嵌铸铁的铺装，铺装上雕刻的是明清时期合肥市的地图，反映了特定时期的合肥风貌。如图 3–3 所示，淮南市八公山森林公园的观景平台地面，巨大的平台用石材雕刻出淮南市境内的第一大人工塘安丰塘的平面图，并配文说明。

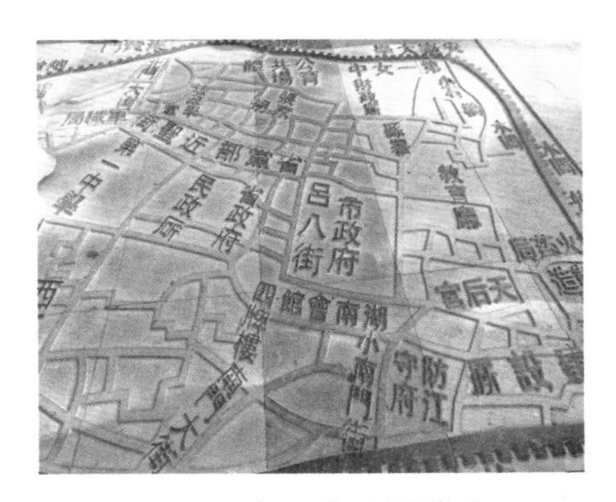

图 3–2　合肥市地图铺装

图 3–3　淮南安丰塘地貌铺装

二、气候主题景观小品

气候主题的景观小品展示的内容分为两类，一类是科普气候的常用知识，另一类是展现气候的变化状态。

科普气候常用知识的景观小品创作，例如在景观墙、装置艺术、雕塑上介绍热带温带寒带、沙漠雨林大陆海洋、飓风台风梅雨等气象内容。中国古人深知气候知识的重要性，累积了大量的天象和环境常识，特别是二十四节气，更是中国古人对气候的智慧总结。淮南地质公园以二十四节气知识设计了景墙和广场，如图 3–4、图 3–5 所示。

图 3–4　二十四节气知识景墙

图 3-5　二十四节气知识主题广场

展现气候变化主题的景观小品创作，是借助直观、象征或隐喻性的内容，通过动态装置表现气候变化，例如，空气湿度变化、风速变化、冰川融化、水位线变化等，以此体现设计者对气候问题的深入思考。2014 年，法国建筑设计师和计算机设计机构共同创作了“气候响应动力学装置”。该装置整体采用木质塑料合成材料，立面开设窗户，窗户呈现花朵形状，窗户花朵瓣片的闭合和开放反映天气温度和湿度变化。该装置不需要机械或电力控制，装置状态变化与气候和材料弹性能力相关。

三、植物主题景观小品

城市绿化对于城市环境有着特别的意义。广泛种植植物可以净化城市空气、形成舒适的室外环境，人们对植物以及植物主题相关形象天然地感到舒适愉悦。在植物文化中，植物是充满象征和寓意的，例如杉柏代表永恒，牡丹象征富贵，杨柳代表柔美姿态或是离别哀愁，繁盛花朵代表青春美好和绽放的生命力等。以植物为主题的景观小品，常使用象征或隐喻的设计语言表达植物文化。设计时，植物种类和造型应与植物寓意及设计主题相匹配，示例见图 3-6、图 3-7。

设计植物主题景观小品时，从自然中汲取灵感，观察不同植物的形态、纹理和色彩，采用仿生设计。捕捉植物的生长过程状态，例如种子破土、花朵绽放、果实饱满悬垂等，将这些生命过程转化为艺术形态。提取植物代表性特征，例如叶子的对生、花瓣弧形轮廓、花朵的结构、藤蔓的卷曲等加以表现。如图 3-8 所示，名为生命之树的景观小品通过展现向上攀爬、向下垂吊等状态，融入动态设计，展示植物的生长习性，表达了生命力的旺盛。

图 3–6 植物主题景观小品——森林

图 3–7 植物主题景观小品——硕果

图 3–8 植物主题景观小品——生命之树

植物主题景观小品的设计，需将植物生命之美、艺术之美与城市之美融合。植物主题景观小品放置的位置，应与所在的草地、水体、道路环境适配，与场所功能协调，美化环境的同时发挥实用功能。如图 3–9、图 3–10 所示，左边两图是蚌埠市茶叶街植物主题小品，景观小品既是茶叶街应景的装饰，也是街灯、座椅等；右图是和县蔬菜生态基地广场的辣椒雕塑。和县是中国蔬菜之乡，辣椒等植物主题景观小品与场地的环境功能相匹配。

图 3–9 茶叶街植物主题小品

图 3–10 辣椒雕塑

四、动物主题景观小品

动物主题的景观小品，通过将动物形态与环境设计相结合，形成路障、景墙、石凳等，可以增加公园、广场、道路等公共空间的趣味性，增强场所活力；通过镶嵌、涂绘、浮雕等手法塑造动物平面形态，或通过三维立体手法雕刻动物造型，都能充分展现动物的生命力，示例见图 3–11。

图 3–11 动物主题小品

动物主题景观小品设计首先明确设计目的是什么。为了美化空间、提供趣味、教育还是彰显威严等，不同的设计目标选择的动物种类不同，设计风格也相应有所区别。确定风格是现代或卡通，是写实或抽象，选择与风格匹配的材料，借助造型和材料的艺术语言魅力，实现与设计目标的匹配。

动物主题景观小品设计应根据所在地区动物物种特征展开设计，其中本地特有物种优先作为设计创意原型，例如成都熊猫、云贵川等地的金丝猴。在进行动物主题景观小品设计时，围绕动物的形态、颜色、纹理等外形特征进行艺术化处理，简化或装饰、写实或抽象、变形或仿真，发挥创新创意思维。由于动物有犄角、尾巴、爪牙等，为了后期使用安全性，动物主题景观小品在造型上应避免尖锐边缘、锋利的尖角，防止造成意外伤害。

小结

自然环境中的山川、气候、植物、动物等作为城市物质要素，是城市生存发展的根基。以城市地脉为题材的景观小品，是普及地理知识、彰显城市区位特征，形成城市独特形象的重要媒介。基于地脉的景观小品设计，通过将枯燥乏味的自然地理现象和环境知识进行多样化的艺术化表达，促进人们更容易接受地理知识教育，提高人们认知水平。

第4章
基于文脉的城市景观小品设计

第一节　城市文脉概述

一、城市文脉概念

人类在与环境斗争中寻求衣食温饱、住宅庇护以及娱乐休闲，在这一过程中逐步发展出与生产生活相关的文化活动、文化现象，形成形而上的道德、价值、观念、哲学、宗教等。城市文化是特定区域共同的社会生活和精神生活的集中体现。城市中的建筑文化、遗址文化等体现了城市物质文化，风俗习惯、音乐舞蹈、手工技艺等反映的是城市非物质文化，两者共同构成了城市文脉的主体内容。

物质文化资源是人类生存的根本。其中，建筑文化是物质文化的重要篇章。不同地域、民族的建筑文化都有其鲜明的形式和内容，例如木构架庭院式住宅、四水归堂式住宅、大土楼、窑洞式住宅，体现了中国东西南北不同地域和民族的住宅文化。遗址文化是人类文明的见证，从上古至近代，留下了很多散碎但珍贵的遗址。各类物质文化构成了人类生存和发展的物质基础，物质文化反映了古人生存智慧。

非物质文化资源，是指人类创造并传承下来的非实物性质的文化表现形式，例如节日庆典、舞蹈、戏剧、音乐、婚嫁习俗、饮食习俗等。非物质文化为人们提供各具特色的审美体验，通过保护和传承非物质文化，可以更好地传承生活经验，了解和传承传统。

城市文化是城市发展的灵魂，良好的城市文化帮助获得发展动力。国内各地要打造自己的城市文化品牌，形成地方特色文化，促进文旅发展，让城市获得经济优势和城市竞争力。例如景德镇陶瓷文化、洛阳牡丹文化等，以其独有的城市文化助力城市文旅发展。

二、基于文脉的景观小品创作思路

在全球化背景下，恰当的使用物质文化，保护和传承非物质文化，可以避免文化同质化，有助于维护文化的多样性，实现文脉价值。近年来，随着城市规模不断扩大，建筑拆旧建新，许多城市面临着文脉断裂和消失的风险。因此，延续和传承城市文脉在当前城市规划中必须予以高度重视。

基于文脉的景观小品创作，按照物质文化和非物质文化两个类别展开。深入理解和挖掘不同地域、不同时代文化的内涵和特征，一方面挖掘、传承中国优秀文化，另一方面依据现代审美和城市功能需要，对传统文化展开创新，在继承传统文化的同时，让传统文化元素也能适应当代生活场景。

第二节　基于文脉的城市景观小品设计案例

一、物质文化主题景观小品

（一）建筑文化主题景观小品

建筑是一项综合体现人类文明成果的复杂物。建筑的基本属性是为日常生活、工作、娱乐提供居住、庇护的功能，是人类生存下去的重要物质支撑。人们修建建筑最初以实用的物质功能为出发点，逐渐演变为包含对社会意义、文化象征和审美艺术的综合追求。

建筑的形制、规模、作用，是社会结构和组织秩序的表现方式，是建筑社会文化的体现。例如古代的皇宫署衙、现代的政府大楼、行政办公空间等意味着基本的社会行政秩序，因此，建筑逐步成为展示身份和地位的象征。当代社会，建筑为人们提供了社交和互动的空间，例如社区中心、咖啡馆、图书馆等，这些建筑增强了社区凝聚力，促进了社交网络发展。因此，建筑文化不仅是一种物质文化，也体现了对社会意义的追求。

建筑体现社会审美文化。通过建筑的形式、结构、色彩、材料等元素，创造出美的人居环境，可以满足人们对于美好生活的追求。2023 年中国国际园林博览会在安徽省合肥市开园，园区建设 31 个国内城市展园和 7 个国际城市展园，这些展园通过园林景观展现地方文化，景观小品是园区亮点。其中，黄山、芜湖等皖南城市园将景观小品与地方文化特色结合，用徽派特色的形式、结构体现皖南民居特点，在入口等关键位置设置牌坊、水帘诗壁，园内设置徽派风格的巷弄、石桥、廊桥、游廊、亭等要素展示徽州文化风格，示例见图 4–1、图 4–2。

图 4–1　园博园黄山园小品

图 4–2　园博园芜湖园小品

建筑文化主题的景观小品，其代表性文化元素的提取可以来自建筑的局部元素。中国古代建筑中的马头墙、坡屋顶、花窗、石雕、砖雕、斗拱和飞檐等，被视为中国建筑文化的代表，其柱式、屋顶形式、门窗装饰等具备典型性特征。建筑文化主题景观小品，也可以取材于建筑整体样式，例如亭、台、楼、阁、庙宇等。在当代，建筑文化主题小品的设计，不仅需要从建筑相关历史故事、建筑风格、装饰元素中获取灵感，更要运用符号学相关理论及现代审美理念进行创新，使之配合当下环境的空间叙事，符合当代审美偏好，示例见图 4–3。

图 4–3　建筑文化主题小品

徽派建筑作为徽州文化的重要内容，在中国乃至世界建筑史上都有很高的地位。徽派建筑尊重皖南自然环境地理特点，融汇地区风俗文化，结构严谨，雕镂技艺精湛，建筑风格独具特色。徽派建筑蕴含着徽州从唐宋至明清时期的社会经济和文化意识形态，对研究建筑历史及中国社会发展都有很高的价值，其形式和文化内涵对当代景观小品设计也有很强的现实借鉴作用，示例见图 4–4。

图 4–4 徽派建筑

皖南城市景观小品设计可围绕徽派建筑特征展开构思。如图 4–5 所示，该设计保留徽派建筑结构基本特征，在材质上做了创新，表面用红豆、绿豆、黑豆、黄豆和白米五种谷物饰面，表达秋日丰收的意义。

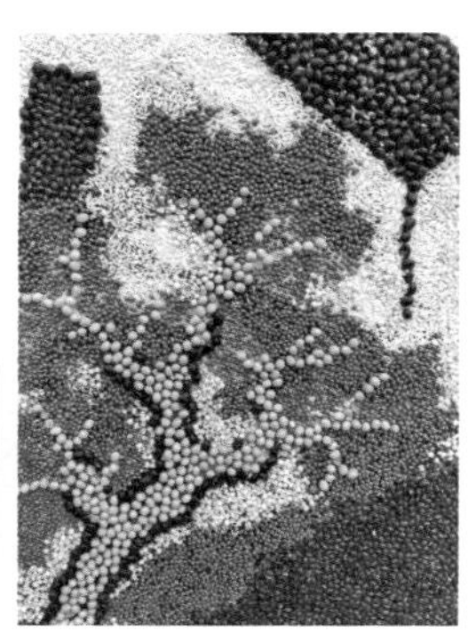

图 4–5 皖南建筑主题小品

中国地域广袤，建筑文化丰富而复杂，南北方与东西部的建筑风格存在较大差异。进行景观小品设计时，不仅要展示建筑面貌，还要注意通过细节展现建筑文化的差异。苏州园林中的古建筑属于典型的江南建筑，翘角飞檐、灵巧俊秀示例见图 4–6。苏州观前街的导视系统设计，以江南建筑翘脚飞檐形象为基础，导视牌顶部呈现经创意处理后的卷翘造型，与苏州江南古建风格相呼应，如图 4–7 所示。而安徽省淮南市属于淮河流域，该地区的古建筑虽然顶部依然有飞翘，但是翘角舒缓示例见图 4–8。以该地区古建造型为特征的导视牌，其顶端的屋顶坡度也与地方古建风格保持一致，平展舒缓，如图 4–9 所示。

图 4–6　苏州园林建筑

图 4–7　苏州观前街导视牌

图 4–8　淮南市魁星楼

图 4–9　淮南市寿县指示牌

（二）遗址文化主题景观小品

1. 遗址概念

遗址作为历史见证，是文化传承的载体，通过遗址可以管窥时代社会面貌、发展水平和社会文化。遗址包括古代文明遗址、历史事件遗址、革命遗址、文化遗产遗址和自然遗址等。古代文明遗址，例如三星堆遗址等；历史事件遗址，例如垓下遗址等；革命遗址，例如井冈山根据地等；文化遗产遗址，例如宣纸手工艺作坊等；自然遗址一般是国家公园、自然保护区等。遗址景观，通常指的是历史上人类活动遗留下来的具有文化、历史、教育价值的物质遗存及其环境。遗址景观不仅包含了具体的实物遗迹，还包括这些遗迹与周围环境的相互作用和各种关联，它们共同构成特定区域或民族历史文化的见证。遗址景观的特点如下：

（1）历史性：遗址留存着特定历史时期人类活动信息，是过往经历直接证据。

（2）文化性：通过遗存可以发现关于社会生活、文化传统、价值观念等信息。

（3）稀缺性：随着时间的推移，许多遗址景观日渐衰败，逐步减少。

（4）教育性：遗址景观为教育民众、展开科研提供了实物资料。

（5）观赏性：许多遗址场景和遗物因具有一定的艺术价值而具有观赏性。

2. 遗址文化主题景观小品概况

对遗址环境进行景观小品建设，采取保护和利用相结合的策略，对于维护历史文化遗产、促进文化传承和当代旅游发展都具有重要意义。遗址具有重要的历史文化价值，遗址主题景观小品设计，以遗产文化符号作为连接过去与现在、传统与现代的桥梁，帮助人们增强对遗址知识的解读。遗址主题的景观小品，因放置在故旧的环境中，设计展陈内容和形式具有一定约束性。将遗存或代表性馆藏珍品进行模型仿真或艺术加工为公共艺术作品，可丰富遗址空间的景观内容。

安徽省马鞍山市凌家滩遗址，属于中华史前文明遗址，考古出土了大量史前玉器、石器、陶器等珍贵文物。在对遗址区域进行公园设计时，所在场地历史时期的特殊性，让基础设施和景观小品设计都要紧扣凌家滩史前文化。如图 4–10 所示，仿土色景墙开凿壁龛，壁龛内展示馆藏珍品的仿真模型，游客在廊下休憩时可近距离观看，景墙顶部开长槽种植花草，从而使得花池、景墙、座椅和廊架多种功能结合在一起，构成了遗址文化主题的休闲空间；园内的游园小路使用石磨做踏步，垃圾桶等设施采用仿木造型，从而景观小品风格与遗址公园风格保持协调一致。

二、非物质文化主题景观小品

（一）人文典故主题景观小品

人文典故是在历史发展中逐步流传下来的具有寓意的故事，被后世归纳为成语或短语，是对社会生活的总结。人文典故通过特定人物和事件，展示忠诚、孝顺、廉洁、勤奋、智慧等相关情节，传达普世社会观念，引导社会树立正确价值观和道德观，对后世具有行为规范作用。

图 4-10　凌家滩遗址公园景观小品

中国文献记载的典故有数千个之多，典故的知识性、情节性和趣味性是景观小品设计的灵感来源。公共空间环境中，以人文典故为表现内容创作出具有情节性且寓意深刻的景墙、雕塑、宣传栏等，可以帮助人们寻找共同的文化记忆，提升公民修养和认知。淮南市八公山风景区的游园道路和景墙分别雕刻了“伯乐识马”“削足适履”“赴汤蹈火”的典故，以讲故事的形式对社会行为规范进行引导，如图 4-11 至图 4-13 所示。图 4-14 为典故“人心不足蛇吞象”的石景雕塑。

图 4-11　“伯乐识马”浮雕

图 4-12　“削足适履”浮雕

图 4-13 “赴汤蹈火”浮雕

图 4-14 “人心不足蛇吞象”石景

人文典故中的主角人物可能是普通人，也可能是纪念历史上有影响力的思想家、军事家、文学家等，因此，在设计人文典故主题的景观小品时，需要考虑人物背后的时代背景、历史语境，以确保正确的讲好故事，传达应有之义。

（二）风俗文化主题景观小品

中国至今保留了很多有意义的节日并形成了相应的风俗习惯，例如元宵节猜灯谜、寒食节吃冷食、端午吃粽子划龙舟、七夕乞巧等。这些节日和欢度方式，反映了中华民族一脉相承的历史传统和文化精神。围绕风俗习惯形成的景观和景观小品自古有之。

上巳节（农历三月初三）是古人举行“祓除不祥”的节日，人们临水沐浴以祈福免灾，称为“祓禊”。人们在祓禊仪式之后坐在河渠两旁，在上游放置酒杯，酒杯顺流而下，停在谁的面前谁就取杯饮酒，即曲水流觞。魏晋时期，这项雅趣在文人聚会活动中广受欢迎。永和九年晋王羲之偕谢安、孙绰等在兰亭举行饮酒祓禊、曲水流觞活动，写下“天下第一行书”《兰亭集序》。潭柘寺十景之一“御亭流杯”，是宫廷内的上巳节活动场所。流杯亭的地面采用汉白玉，上刻回环沟槽形成可以流杯的曲水，同时，巧妙地构成了一幅南龙北虎的图案。

由此可见，古代风俗文化从皇家到民间都有着深刻的影响。风俗习惯在生活中有强大的传播力，人们对于风俗文化保持高度的情感认同，风俗文化也是价值观、信仰的体现。在景观小品创作中，深入研究中华民族共同的风俗，以及各地独有的风俗，从中获取创作灵感，宣传优秀的中国风俗文化。

（三）康养文化主题景观小品

健康的身体和生活方式，是人类永恒的追求。康养文化主题的景观小品有两类，一类是表达饮食、保健、医药文化知识内容，表现身体健康、心理健康、良好人际关系的艺术类景观小品。另一类是功能类的健身娱乐设施，人们运用健身娱乐器材增强身体机能，提高注意力，提升工作和学习效率。康养文化主题的景观空间，以康养知识和康养活动作为人们交流和互动内容，提升人们对健康的认知、提高生活质量和幸福感。

有病则悲，无病则喜。黄山市歙县深渡镇定潭村的新安国医博物馆，药堂入户地面在铺装方式上施以匠心。如图 4–15、图 4–16 所示，以鹅卵石镶嵌入户地面，卵石呈现人脸头像，进门方向看时，人像是飘着胡须、沮丧的老者；药堂出来，再看铺装则是孩童笑脸，表达了药到病除的寓意。

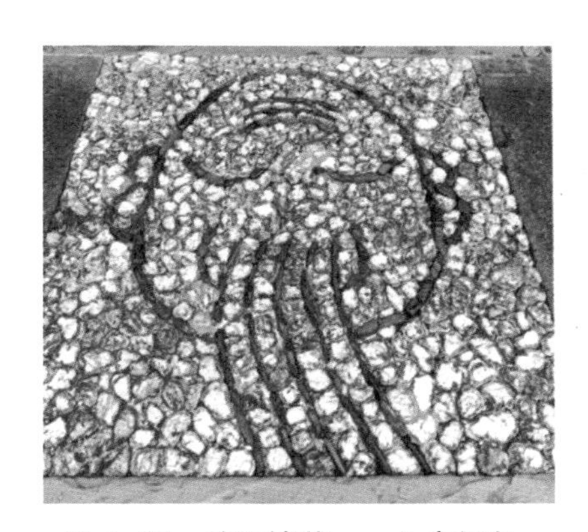

图 4–15　地面铺装——入户视角

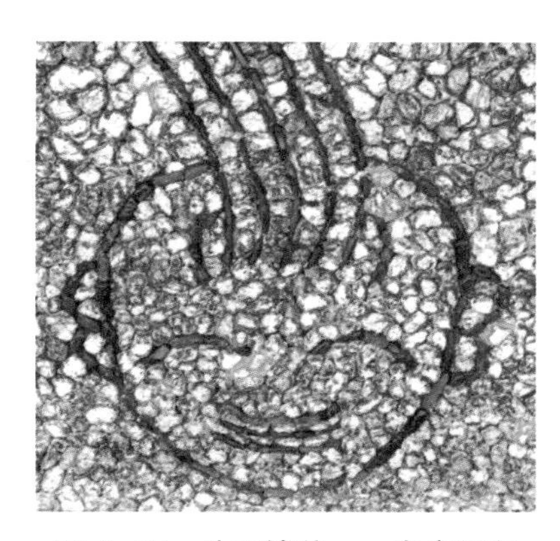

图 4–16　地面铺装——出户视角

景观小品把医学家、药方、养生方式等作为展示内容，促进人们学习中华传统医学和现代医学知识，促进人们形成健康的生活理念和生活方式。合肥骆岗亳州园，以中华医药文化为表现主题，将中药文化融入园林造景，突出亳州药都特色，树立“中华药都，养生亳州”的城市形象。园区以游廊、元化草堂、华佗五禽戏宣传栏和植物围合形成药文化空间。华佗雕像为场地主景，园内种植冠以“亳”的四种药材——亳芍、亳菊、亳花粉和亳桑皮，同时留出锻炼身体的小广场，广场地面雕刻中医药方。游客身处亳州园获得健身知识和医药知识，身心获得疗愈，园内景观小品如图 4–17 所示。

功能类康养设施，在社区、公园、广场等公共空间中随处可见。旨在锻炼体能的健身器材，是最为常见的康养设施。考虑到不同群体在身体尺寸和体力机能的差异，功能类康养设施应该按幼儿、少年、青年和中老年进行区分。按照年龄段设计康养设施，一方面可以更好的发挥健身器材的功效，另一方面也是基于对使用者的安全考虑。

图 4-17　骆岗亳州园内景观小品

小结

中华民族文化灿烂丰富，建筑文化、遗址文化等物质文化，人文典故、风俗文化、康养文化等非物质文化构成了城市文脉的丰富内容。景观小品通过城市文脉内容的具体细节展示，提升人们对于人居住宅、人类发展、人类健康、人类风俗和人类历史等认知，增强文化自信。基于文脉的景观小品设计，对于提升环境品质，树立城市文化系统形象起到关键作用。

第5章
基于史脉的城市景观小品设计

第一节　城市史脉概述

一、城市史脉概念

历史是人类社会发展的痕迹，是过去事件的集合。历史上的人物和事件，可以通过文字、图画直接呈现，也可以通过工艺技术、美术作品、遗址遗迹等间接反映。当前，记载历史的方式已经从文字图形，扩展到音频、视频、虚拟现实和人工智能等。历史记录了社会文化的发展和演变，体现了文化传承和延续。

历史是教育的重要组成部分，它帮助人们了解社会发展过程，理解社会发展规律。学习历史帮助人们建立和强化自己的身份认同，包括民族认同、宗教认同、地域认同等。历史上的人物和事件有推动社会发展的，也有阻碍社会进步的要素。厘清历史发展脉络，学习和反思历史，以史为鉴可以指导现在的工作和生活，形成正确的判断，避免重复发生类似错误。

二、基于史脉的城市景观小品创作思路

中国是世界四大文明古国之一，历史亘古流长。不同历史阶段下，有着不同的社会发展形态和时代旋律。基于史脉的城市景观小品设计，宏观上分为四个历史阶段：上古时期、古代时期、近现代和当代。这四个阶段连续绵延、各有特点。城市景观小品通过展现本地各个历史阶段发展状况，梳理历史中高价值的内容，将历史场景、历史观念带入现代生活，反映城市历史底蕴和体现历史观。

基于史脉的景观小品的创作，构思角度可以是多方面的，例如展现某个历史阶段的发展脉络、某个历史事件的面貌、某个历史人物的生平事迹、某处历史建

筑或遗迹史料等。为尽量还原真实的历史，需从正史、野史、别史多角度思考，同时用时代发展的眼光看待过去的历史，形成符合时代观念的历史题材景观小品。

第二节　基于史脉的城市景观小品设计案例

一、上古时期历史主题景观小品

史界认为，夏朝建立之前的历史时期，统称为“上古时代”或“古国时代”，主要记述三皇五帝的历史。由于记载多以神话故事的形式，史料用词充满了夸张的想象力，所以，上古时代也被称为神话时代。神话故事源自古人对于自然现象，例如日食、月食、洪灾、地震等知识的匮乏。古人通过构想神仙和英雄拯救世界的情节描述，以解释这些未知现象存在的合理性，形成对所处世界的知识和观念。

在中国，神话故事反映了朴素的宇宙观和自然观，例如盘古开天辟地、女娲造人等故事，体现了古人对天地万物起源的理解；玉帝、七仙女等神话人物，以及他们所居住的仙境，反映了人们对社会环境和社会秩序的认知。而黄帝大战蚩尤、大禹治水等神话故事中蕴含的上古历史信息，成为民族起源、民族认同的依据。因此，中国神话故事是中华文化宝库中的珍贵遗产，是中国宗教、哲学、文学、艺术诞生的先导。

淮南市八公山风景区的神话故事广场，处于八公山的山坳下。下沉式广场有圆形浅池，旱季暴露出硬质铺装，雨季是雨水系统的一部分。女娲补天、后羿射日、一叶障目、嫦娥奔月四则神话故事以动态人物雕像的形式加以演绎，分立在圆形广场的角落，如图 5–1 所示。

图 5–1　八公山公园神话故事广场

二、古代时期历史主题景观小品

中国的古代时期，是指夏商周至元明清时间段。

中国历史上有许多重大历史事件，这些事件是中国伟大历史进程的体现。公元前二千年，大禹建立了中国历史上第一个朝代夏朝，标志着中国从原始社会进入阶级社会。经过商汤革命、殷周革命，在春秋战国时期，中国进入了一个诸侯割据、百家争鸣的阶段。秦始皇统一六国和汉朝的建立，翻开了中国历史上的第一个强盛篇章。如图 5–2 所示，雕塑塑造了战国四君子之一的春申君，展现了春秋战国历史风云面貌。

图 5–2　战国四君子春申君雕像

唐宋将中国带入了一个经济和文化高度发展的时期。明朝促进了海外贸易和文化交流，清朝经康乾盛世后社会发展进入低速阶段。

纵观古代历史，中国的政治、经济、文化、科技、艺术等方面都获得了长足的发展，并形成了独特的中华文化。中国四大发明是中国古代科学精神的体现，以此为主题设计的景观小品如图 5–3 至图 5–6 所示。

图 5–3　雕塑《司南》

图 5–4　雕塑《印刷术》

图 5-5 雕塑《火药》

图 5-6 雕塑《造纸术》

三、近现代历史主题景观小品

中国社会学界普遍把从 1840 年鸦片战争到 1919 年的时间段认为是中国近代史阶段，把 1919 年五四运动到 1949 年中华人民共和国成立这一时期认为是我国现代史时间。中国近现代历史阶段是一个非常独特的时期，在这一阶段出现的变法、运动、革命等一系列事件，对中国发展至关重要。

近代中国经历了一系列民族战争后社会发展止步不前。面对国家困境，一批中国仁人志士探索通过硝烟运动、洋务运动、戊戌变法、辛亥革命等运动改变国家命运。1919 年五四运动是中国先进知识分子和青年学生引领的民主爱国运动。五四运动后，中国共产党成立，并领导中国人民进行了艰苦卓绝的反对三座大山的革命斗争，国家开始朝着自主、独立的方向发展。这一阶段涌现出毛泽东、周恩来等一批社会领袖，在他们的带领下，中国结束了一百多年来被侵略被奴役的屈辱历史，中国至此真正成为独立自主的国家。长沙的毛泽东雕像如图 5-7 所示。

图 5-7 长沙毛泽东雕像

四、当代历史主题景观小品

人们普遍把 1949 年 10 月 1 日至今的时间段视为当代史的时间阶段。新中国成立后，首先进行了土地改革，农村土地的公有化使得中国农村摒弃了落后的生产关系。1978 年，中国施行改革开放政策，为中国现代化进程注入新动能。2020 年底，中国完成减贫目标，成功实现消除绝对贫困，取得了人类发展史上的卓越成就。中国经济的增长令人民呈现出安居乐业的生活状态，整个社会呈现欣欣向荣的景象。面对翻天覆地的国家变化，艺术家们开始创作反映当代历史背景下社会生活的景观小品，示例见图 5–8、图 5–9。

图 5–8　景观小品《翻墙》

图 5–9　雕塑《吃饭》

19 世纪末兴起的现代主义艺术运动，反思传统艺术形式和表达方式，对传统审美观念进行批判，试图打破历史和文化的束缚。现代主义艺术追求新颖的形式和艺术语言的纯粹性，设计造型倾向于简化形式，去除多余的装饰，追求抽象和几何形状。现代主义景观小品，强调个人的主观体验和情感表达，体现人的内心世界和精神状态，示例见图 5–10。

图 5–10　现代主义雕塑

随着新材料和新工艺技术的发展，合成金属、塑料、玻璃纤维等新材料被运用到创作中，为探索景观小品表现形式和创作手法提供了新方向。现代主义艺术运动对后来的艺术发展产生了深远影响，其现代理念和实验精神在当前艺术领域有广泛的应用场景。

小结

在中华民族伟大历史进程中，中国各类城市无不在自己的历史舞台上扮演着重要角色，在上古时期、古代时期、近现代和当代不同阶级呈现出努力向上、拼搏发展的精神面貌。基于史脉的景观小品，有时形式上塑造的是个体，实际上以点代面表现的是时代背景下群体生活画像；有时形式上展示的是个体历史事件，实际上展现的是澎湃博大的特定时代。因此，基于中国史脉的景观小品，塑造历史人物雕像或者历史场景，要在体现中华民族伟大进程中的时代面貌和革命精神，并在抚古追昔中获取前进发展力量。

第 6 章
景观小品创新策略、手法与途径

第一节　景观小品形态创新设计策略

景观小品若要实现高品质的表现，需经过精心的设计与内容构思。通过形式追随功能、彰显艺术审美性、以人为本和可持续发展四种设计策略，促进目标实现。

一、形式追随功能

城市中的公共服务设施，为人们提供休闲、娱乐、交流及庇护功能。这些功能性景观小品作为城市户外家具，满足人们在城市生活中产生的各种行为需要。19 世纪 80 年代，著名建筑师沙利文提出“形式追随功能（Form follows function）”的设计策略。景观小品采用形式追随功能的设计策略，即景观小品基于设计预期目标，在形状、色彩、肌理、材料和结构等方面都服从于功能需要。例如，座椅的高度、靠背的角度以及座宽和座深，都需适合人体坐姿的需求，方便人们使用。

当面临多样化的功能需求时，户外设施可以将多种功能组合，实现材料、空间的最优化。例如座椅和花池或照明设施结合、路灯和指示牌结合、知识介绍和地面铺装结合等，以复合形式满足多种功能需要。如图 6–1 所示，是花池与座椅结合的综合座椅。

图 6–1　花池座椅

随着时代发展，人们对于城市公共服务设施的功能要求不断增加。新增功能与新时代下的工作、生活密切相关，已经成为不可或缺的内容，例如户外时间对互联网的需求、充电设施的需求、导航的需求等。新的功能要求景观小品安装对应的构件要素，如太阳能板、储能设备、信号发射设备等，从而使得景观设施造型发生了新变化。苏州河东沿河步道上的科技感十足的“苏州河智能坐凳”，凳长 1.5 米左右，可坐三人，中间部分是太阳能板的安装空间。它不仅可供人驻足休息，还具备充电、蓝牙音响、LED 灯和 Wi-Fi 的功能。其中充电功能分有线和无线两种模式，座椅侧面 USB 插口适配常见手机数据线，多种新增功能改变了传统座椅的形态，形成了科技感、现代感更为突出的新型服务设施。

二、彰显艺术审美性

景观小品除了要满足基本的功能性要求以外，还应考虑其造型、外观的艺术审美性，提升环境的审美品位。在优美的造型、精良的制作工艺和良好的表面喷涂效果的加持下，景观小品会被人们视为艺术品。富有装饰性的景观小品可以美化空间、装点生活，颐养人的性情。

城市不同区域的功能定位不同，景观小品的造型美学目标要做出相应调整。例如，宣城市新世界购物中心、东郡印象社区和红星造纸厂三个区域因功能不同审美目标存在差异。商业区需要吸引眼球，因此创意新颖、夸张的艺术作品可以在购物中心使用。住宅区的审美目标通常更注重安宁、舒适的感受，因此通过重复、渐变等手法形成的叠水、花镜等，可以营造温馨的东郡印象社区环境。工业区环境审美目标更偏向于实用性和功能性，因此景观小品采用简洁、富有张力的工业风更符合红星造纸厂的工业环境。而历史文化街区的景观小品，为配合街区传统风貌，其艺术审美表达应紧扣所在地历史，形成与街区风格相协调的风格造型。

景观小品除了优美的造型非常重要，良好的表面装饰效果也是展示艺术审美性的重要因素。石材、青铜、不锈钢等有很好的材质审美表现力，而采用喷涂工艺则更容易形成切合主题的表达效果。材质相同时，由于工艺不同也会呈现大相径庭的审美效果。例如，金属材料通过化学腐蚀工艺获得粗糙的表面，也可以通过抛光、电镀等手法，使表面呈现出光滑、亮丽的质感。木材做高压碳化防腐则色泽暗沉，而研磨后则光亮细腻。精湛的制作工艺能够提升景观小品轮廓的流畅度、连接精密度，获得精致的外观效果，令景观品质更上一层楼。做好材料和工艺选择，可使景观小品呈现丰富的艺术层次和细腻的情感表现。

总之，景观小品需要根据所在场地定位，通过对比、统一、节奏、韵律等设计手法，提升视觉形式和审美体验，彰显艺术审美性。景观小品的艺术审美性，既需要小品本身具有造型美、材质美、色彩美、肌理美和工艺美，同时也要与所在环境保持协调性和整体性。

三、以人为本

围绕功能性和审美性展开的设计，出发点和最终的归宿都是为了满足人类对于美好生活的向往，这是景观设计的根本。景观小品设计要以人为中心，满足人们的行为、心理和生理等需求，建立人、环境与景观小品之间和谐融洽的关系。设计为人而服务，因此，在进行景观小品设计时，不仅其空间尺度要以人的生理尺度为重要参考依据，同时还应研究环境行为学，观察人的行为习惯，使景观小品的观赏、操作和使用符合人的行为习惯需求，更要在风格、造型、装饰等诸多方面做到尊重人的心理需求，体现人文关怀。

在景观小品创意中，以人为本还体现在题材内容的选择方面。作品反映人精神面貌、内心活动、人类情感也是人性关怀的体现，例如景观小品表现孩童天真、父母慈爱、亲子深情、同学友情等题材。图 6–2 是以“时光”为主题的黑色哑光铸铁雕塑，展现了一群滚铁环奔跑着的孩子，表达了设计者对童年一起嬉戏快乐时光的怀念。图 6–3 为亮光不锈钢雕塑，展现了母马带着幼马一起奔跑的景象，马身附着展开的翅膀，寓意着在长辈的呵护下幼马心怀梦想、踏步前行。

图 6–2　铸铁雕塑

图 6–3　不锈钢雕塑

城市中不同年龄段的人对审美的需求存在差异，这些差异通常受到个人成长背景、文化环境和活动习惯的影响。儿童通常对鲜艳、活泼和有趣的设计作品评价更高，因此，在受众人群为儿童的景观小品设计中，通常需要采用卡通形象或动物形象作为主体，使用明艳的多彩色。青年对时尚、现代和个性化的设计更为青睐，富有科技感、娱乐性和社交功能的小品更符合年青人的需求。老年人对无障碍设计有着更高的需求，环境和设施的舒适度也非常重要，人群活动特征如图 6–4 所示。

图 6–4　人群活动特征

四、可持续发展

近年来，我国致力于建设资源节约型和环境友好型社会，强调在利用资源时从全局出发，合理组织生产，均衡考虑经济、环境、道德等社会问题，维持需求的持续满足，这不仅包括环境与资源的可持续，也包括社会文化的可持续。可持续景观设计遵从保护环境和节约资源的原则，从环境和人的根本需求出发，力求“环境友好”“以人为本”，做到设计的“绿色性”。景观小品与其所处景观规划的目标保持一致，在设计、制作以及后期管理的过程中尽可能地降低对资源、能源的消耗，最大限度地提高资源利用率，在健康、舒适、节能环境下实现可持续发展。

城市景观是一个生命综合体，它在不断进行着生长与衰亡的更替。景观小品在设计规划的前期，设计师必须系统且综合地考虑整个场域的景观生命周期，使包含景观小品在内的景观系统可持续，满足自然和人类持续发展需求。例如，在花坛、绿雕、树池、花镜等植物的选择上，尽量选用造价低且适应本地环境的乡土植物。

在景观系统的建设、维护过程中，应在满足使用目的的同时，尽量使人的干扰范围达到最小，干扰强度达到最低；所使用的材料和工程技术尽量不对自然系统中其他物种和生态过程带来损害或毒害。例如在香港湿地公园的建设中，为避免施工期间对现有水体（湖泊）受到污染，设置了双层条板屏障，把游客中心和水体分隔开来，直至工程合约完成后才拆除。条板被插入到粘土层中，而粘土本身很容易恢复，所以能够保证湖泊系统的完整性。近年来的中国城镇化建设、城市更新中产生了很多废旧物品，将其变废为宝会产生意想不到的视觉效果。中国美术学院象山校区的建筑，其表面的装饰材料选用了从浙江地区收集回来的七百多万片旧砖瓦。这些被当作垃圾的旧砖瓦经设计师之手变成了可以循环利用的装饰材料，被赋予了一种新的人文精神。

合理运用景观材料是实现可持续发展的重要途径。在景观设施材料的选择上，应尽量选用易产出、可再生和可循环利用材料以实现绿色设计，例如中国特色植物竹子、柳藤、芦苇等，这些材料制作亭子等器物不仅材料可持续，加工工艺也十分环保，实现了景观小品既与社会发展相统一又与自然环境相协调。

总之，追求可持续发展是当前设计发展趋势，选择使用可回收、易再生、可再利用的材料，采用低碳、环保工艺流程，以符合现代社会对可持续发展的追求。这样的设计理念不仅有助于减少对环境的负担，还能引导居民关注更为健康的生活理念。

第二节 景观小品外部空间创新设计策略

景观小品与所处的外部空间息息相关，与所在城市环境共生共荣。景观小品外部空间创新策略包括：与空间造型相统一、与空间功能相呼应、与软质景观相依托和与城市历史人文相协调。

一、与空间造型相统一

虽然景观小品和其他造型艺术一样，在形式语言上有自身专属的艺术语言，但是作为景观规划的一部分，其设计仍应遵循城市整体形象定位，借鉴上位规划设计理念，与空间场地在风格上相统一、形态上相依托，以及在比例上相匹配，促进景观小品自然地熔铸在整体环境中。

景观小品应与所在空间造型风格相统一。风景园林在长期发展中形成了古典风格、极简风格、现代风格等风格流派，以及日式风格、英式风格、法式风格、中式风格等地域风格，每一种风格都具有鲜明的特征。景观小品的造型风格要与场地空间的造型风格保持一致。例如，在上海现代风格公园中，景观小品应当简洁、线条流畅，采用现代材料和造型；在一个传统古典风格庭院中，景观小品应采用更复古、更具文化特色的设计。

在设计景观小品时，要考虑原有场地特征和已有附属物，利用已有基础条件巧妙组织形成新的小品形态。例如场地中有建筑，则可依托墙体、地面和柱子提供的界面，运用绘制、粘贴、镂空、悬挂和嵌入等方式，把景观小品与原场地空间的造型融为一体，从而减少成本投入、节约使用空间和提高空间利用率。

景观小品在大小、高度、曲度和比例等要素上，应与外部空间规模相匹配。景观小品之所以被称为小品，是因其尺度与所属环境空间的相对比例较小。在实际工程中，景观小品的具体尺度差别还是很大的。比例过大的景观小品可能会显得突兀，比例过小则可能不够明显，缺乏存在感。因此，需要根据外部空间的大小和开放程度，从比例适配的角度决定景观小品的具体尺寸。当单个造型不能满足气场需求又不宜选择尺度较大的形体时，可以通过增加数量实现空间在形态上的总体要求。总之，通过对风格、组织方式和比例等多角度构思，使景观小品与其所处的外部空间在造型上相统一。

二、与空间功能相呼应

景观小品类型多样，确定具体景观小品类型的时候，一方面应考虑其所在整个场地环境的功能设定，从整体关系思考小品与大环境在功能定位的统一性；另一方面，考察该景观小品与其他环境要素在功能上的互补性，分析每一个或者每一类景观小品可以服务辐射的人群和范围，从而确定景观小品的数量和类型。

例如，青少年活动空间运动设施设计，可从单功能、复合功能两种类型思考互补性；从体能型、休闲型和趣味型等思考互补性；从耐性型、柔韧型、灵敏型、力量型和弹跳型等方面思考互补性。从而，青少年活动空间这一大的功能定位下，形成功能互补、种类齐全、设施完备的运动空间。

又如，景观小品处于商业街区中，考虑到区域商务经济活动的功能定位，则整体空间中需要设立的景观小品有：展示台、展架等展示设施，雕塑、装置等观赏类小品，导览地图、指示牌和地面引导线等引导设施，以及休息、照明等辅助设施。这些景观小品功能各不相同又相互配合，共同服务于商务活动功能。

三、与软质景观相依托

软质景观是指环境中的自然景观元素，例如土壤、植物、水体、阳光等，构成了城市柔和、自然和舒适的环境状态。软质景观在城市功能区中常常作为背景存在，与景观小品构成底与图的关系，例如灌木旁的设施、水池中的雕塑、草坪上的装置等。图6-5中的红色“人”字雕塑为锈板铸造，在“人”前进方向上是绿色草坪，形成了开阔的前景空间，乔灌木等绿植为背景衬托锈板人字形象。图6-6表现的是一支羽毛飘在水面，以大面积的水面为背景，更加凸显羽毛的轻盈。公共艺术品无论是身处草坪、灌木、树林，还是水面，这些软质景观提升了艺术造型的展示空间和表现张力，促进小品在形态之外更具意境。

景观小品依托软质景观进行展陈，需做好艺术构图。所谓“艺术构图”，是指能够满足功能上和艺术上要求的园林要素的选择、配置及其组合，促使该区域成为特殊的风景艺术群体①。艺术构图包括以下需要注意的事项：

（1）有主有次、主次分明，重点突出。

（2）个体和总体按照合适比例配置。

① 朱钧珍.园林植物景观艺术［M］.北京：中国建筑工业出版社，2015.

（3）与周围自然条件结合。

（4）色彩调和、舒适自然。

图 6–5 锈板雕塑

图 6–6 不锈钢雕塑

景观小品和软质景观的比例应恰当、合理，才能有效地区分场域空间。进行艺术构图时，应确保景观小品的外观色彩、材质和与周围自然环境相协调，以体现其良好的自然性；应通过适当的形式体现精神内涵，形成亲切统一的自然人文空间。如图 6–7 所示，公共艺术《鱼跃龙门》是厦门建发央玺居住区的景观小品，水面上抽象的鲤鱼寓意着鲤鱼跃龙门，与居住区居民的心理相契合。作品被开阔的水面和良好的生态植物环抱，鲤鱼、水面、水生植物在主次、比例、色彩和位置等方面都进行了恰到好处地处理。如图 6–8 所示，公共艺术《回环》设置在游园小径的旁边，道路边上的红花檵木呈带状环绕在雕塑的后面，在色彩上与雕塑相统一，延伸了线性雕塑的空间感。

图 6–7 公共艺术《鱼跃龙门》

图 6–8 公共艺术《回环》

景观小品与软质景观相互依托，打破了景观小品作为单件作品的尺度局限。例如，以一片树林、一丛竹林、一弯沙土作为景观小品的旁衬、前景或后场，可以使场域更为开阔，更具延伸感；一汪水池中心的扁舟、一片绿植衬托下的山石、一片草坪中的人物雕像，在大的软质景观背景的衬托下，人们对景观小品的视觉凝视范围会得到拓宽，景观小品在场域中更具整体观感。

总之，景观小品的艺术性和主题性，使景观小品能够成为植物、草地等软质景观背景中的焦点，提升整个景观空间的质量。而软质景观作为衬托，也更加凸显景观小品的美感，拓展景观小品的空间范围，提升所在空间的意境。

四、与城市历史人文相协调

在人类发展历程中，文化传统、风俗习惯等历史印记在发展中不断去粗存精、去伪存真，其核心要义被留存下来并融入不断发展的城市生活，形成城市独特的人文精神。在设计景观小品时，应保证其形式和内容与城市人文环境和谐一致。设计师通常会选取文化典故、传统工艺、历史事件、传说故事等元素，用雕塑、壁画、公共艺术等形式加以表现，并结合场所功能选取恰当的艺术形式和文化寓意，形成创新性的艺术作品。如图 6–9 所示，居住区景墙以《千里江山图》为墙面装饰，借助中国的国画艺术提升居住区文化品味。如图 6–10 至图 6–12 所示，作品分别围绕“一马当先”“书山有路勤为径”和“学海泛舟”展开创作，反映的是勤学奋进文化传统，与居住区文化主题相契合。

图 6–9　居住区景墙

图 6–10　景观小品《一马当先》

图 6-11 景观小品《书山有路》

图 6-12 景观小品《泛舟》

第三节 景观小品创新设计手法

基于符号学理论，景观小品创新设计常用的手法有解构与重构等。

一、景观符号的概念

符号是用于代表事物、概念、思想或信息的一种标记或象征。地方历史建筑、遗址遗迹、民俗习惯、语言文字、舞蹈等，均可以形成图形、文字、声音、动作等形式的符号。符号代表着在社会互动和实践过程中形成的社会共识，一个简单的符号也可以表达丰富的信息和意义。中国的代表性符号是从中国典型文化中提取的，艺术如书法、茶、国画等；建筑如长城、故宫、莫高窟、民居等；用品如丝绸、瓷器等；表演如京剧、功夫等。符号是人类交流和社会活动中不可或缺的元素，在不同文化和语境中可以形成不同的解读。因此，从素材提取形成符号时，需要首先理解特定的时代背景、文化背景、场景语境等。符号具有很强的抽象性，不仅是事物的表征，更承载了人们的某些特殊情感。

在长期的生活中，人们形成了事物与观念的对应关系。例如笔墨纸砚象征文化艺术和知识，狮子、鹰等动物符号象征力量和权势，猫蝶组合的图案，通过“耄耋”的谐音表达长寿之意，通过人物特定的表情和动作可以表现英雄主义、欢乐等情感。特定的符号表达约定的语义概念，设计师通过对这些符号的运用，赋予物象含义，实现依托图形、文字对范畴、概念、意义等进行传播，物象因象征和寓意而具备更丰富的表现力，示例见图 6-13、图 6-14。

图 6–13　景观小品《花好月圆》

图 6–14　景观小品《春江月明》

在设计景观小品时，先根据城市的地理位置、历史背景和文化特色形成代表性符号，再将城市符号融入其中，可以反映出城市的独特性格和审美追求，使其成为具有意蕴之美的城市形象。安徽省泾县以生产宣纸而闻名遐迩，宣纸非遗传统制作技艺入选人类非物质文化遗产代表名录。为彰显本地非遗文化，泾县的指示标识造型设计成了书卷、卷纸、卷轴的样式，以此指代宣纸，成为宣纸的抽象符号，如图 6–15 所示。

图 6–15　泾县宣纸文化指示标识

二、解构与重构的设计手法

解构与重构是现代艺术和设计中常用的手法，起源于20世纪初的哲学和文学领域，后来被广泛应用到广告设计、视觉传达设计、产品设计和时尚设计等领域。

解构是一种分析、批判传统思维、艺术语言和文化结构的方法。在景观设计的过程中，解构表现为对现有景观要素的形式、结构或概念进行拆解，重新审视原有的外观和内涵。打散结构，打破原有形式和意义的束缚，为探索新形式做好准备。在艺术设计中，解构涉及对传统图形符号的解读，不同的解构方式获得不同的解构成果。

重构则是以前期的解构为基础，对分解后的元素进行重新组合与布局，以获得新的形态和意义。重构不是简单随意的拼凑，而是一个全面思考、统筹安排的过程，需要通过对代表性符号的重新配置和利用，探索符合主题意义的新的表达效果。在创新设计中，解构与重构作为设计手法，是现代审美标准下艺术作品的有效创作方法，其关键点在于打破常规，挣脱现有框架束缚，挑战传统，以守正创新的设计态度寻找新视觉体验，升华原有概念。

解构与重构要基于审美性、象征性、辨识度和实用性等指标展开。图形符号生成的过程中，设计师要能够理解原素材的文化背景、符号信息的目标受众、传播媒介以及预期效果等多方面状况，确保符号表征的意义能够被目标受众正确解读。优秀的图形符号设计能够跨越语言和文化的障碍，传达清晰且易于理解。

总之，通过解构和重构的思维过程形成对事物的认知，是思维的不断深化、引导知觉从物象表层走向更加纯粹深层的精神活动，促进原有物象获得新发展。

三、景观小品设计中的解构与重构

城市在长期的发展过程中形成了独特的地方自然景观和人文景观，构成了城市丰富的景观符号系统内容。结合时代背景和设计需求，从丰富的城市文化符号体系中挑选出具有代表性和象征意义的元素，分析、拆解这些元素，思考可以用来增强表现力和文化内涵的成分。拆解代表性成分，作为后续概念表达、设计表现、细节深化的素材。

景观小品设计重构的过程，是对分解后的代表性元素进行重新组织、创意转化，并以具体材料落地实施的过程。这是一个体现创新、创意的过程，是现代设计语言与材料技术融合的过程。这个过程中要尊重原有文化，同时考虑现代审美观念，注重细节处理，确保符号语义清晰、准确和易读。

广州中山岐江公园面积 11 万平方米，其前身是废弃的粤中造船厂，在上世纪为这座城市的工业化贡献了青春岁月，改造后的公园成为工业旧址开发的典范。改造设计中将城市更新与城市文脉保护相结合，生态保护与恢复相结合。为将船厂文脉留存下来，旧铁路、机器设备、船舶构件等要素通过解构与重构的手法，巧妙地与现代化的公园结合在一起，直接或隐喻的传达文脉意义，自然地将游客带入曾经的革命建设岁月，如图 6–16 所示。

图 6–16　中山市岐江公园全景

公园合理地保留了原场地的岐江水系，留存船坞、骨骼水塔、铁轨、机器、龙门吊等船厂标志性物体并做好景点串联，运用现代设计手法对它们进行了简化和艺术加工。删除船舶相关旧物细节、船壳钢铁拆解作为景墙，对场地船舶相关要素进行解构和重构，重新塑造场地形式和内涵。地面笔直的轴线和铁轨线穿插，刷成红色的水塔架和船板墙，是红色岁月的隐喻表达。公园中能体现原船厂精神的物体被最大限度的保留了下来，展现了中国特定历史时期的船舶文化和革命精神，如图 6–17 所示。

图 6-17 中山市岐江公园景观小品

第四节 景观小品创新设计途径

艺术作品创新过程需处理好要素关系、构成关系、数学关系和空间关系，景观小品通过这四个创新途径，实现形态与内容、物质和精神和谐统一。

一、要素关系处理

要素关系包括物质要素关系和精神要素关系。物质要素关系是指造型的外在物质材料表现形态，以及在点、线、面等方面的表现形式和相互关系。精神要素关系是指人对外界事物的直觉和知觉感知，以及由此形成的情感需求、审美需求、文化需求和创新需求等关系要素。地景小品如图 6-18 所示，不仅是一朵花的物象，也蕴含了某种信仰，因此，造型除了包含物质要素关系还包含了精神要素关系。

图 6-18 地景小品

二、构成关系处理

优美的造型离不开点、线、面基础构成要素。流畅曲线给人以旋律感，延直线给人以力量感，折线给人以起伏波动感等。线条组合构成造型的面，它决定了小品呈现的基本形态。对面进行处理，面的隆起、凹陷、倾斜等处理手法，使小品呈现立体厚重感，形成生动的空间表现力。要获得审美价值，需要遵守形式美法则，处理好点线面关系。运用重复、渐变、相似、发射、密集等构成手段，寻找协调统一的美学形态。如图 6-19 所示，游戏设施《复印》，由密集红杆重复排列组成，当人站在一侧并向后挤压，则在造型另一侧出现一模一样的轮廓，从而在造型两个面形成正负两个形象，即以重复构成手法获得了趣味造型。

图 6-19　游戏设施《复印》

景观小品构成设计，通过处理对称构成关系、平衡构成关系和关联构成关系三类关系展开创新。处理对称构成关系，即将含有制约性的要素单元进行有序组合，强调规则感和秩序感，最终形态在视觉上呈现几乎完全均等的绝对对称。处理平衡构成关系，即景观小品的单元要素均匀式组合，形态结构并不是绝对对称。虽非绝对对称但要素之间富有紧密关联和呼应关系。处理关联构成关系，即通过多重呼应将要素联系起来，要素之间具有一定相关性，造型体现出整体感。

三、数学关系处理

数学关系包括比例关系和几何关系。

比例关系是形式美的关键，要素之间、要素与整体之间会呈现出某种数理比值关系，例如，黄金比例：1∶0.618、白银比例 $\sqrt{2}\approx1.414$、青铜比例$\sqrt{3}\approx1.732$、斐波那契数列（Fibonacci Sequence）、等差比例、等比比例等。景观小品设计处理比例关系，即把握景观小品材料尺寸上的部分与部分、部分与整体之间的比值关系。

几何关系处理，即处理点、线、面构成的几何图形呈现的关系规则。将景观小品的具象形体，通过概括转化为抽象几何图形，并寻找图形要素之间或要素与整体之间获得几何美感的方式。造型呈现有规律的构图关系就会形成秩序感。景观小品处理好几何关系，可以呈现更好的线条感、结构感等，示例见图 6–20。

四、空间关系处理

空间关系包括视觉动线关系和空间层次关系。在城市环境中，各类要素并非总是秩序井然的。支离、凌乱、冗余的各类要素，通过覆盖、合并、相交、相接、旋转等空间位置关系的变化，会获得新的秩序状态。景观小品处理造型的空间关系时，可以从视觉动线关系和空间层次关系两方面入手。

处理视觉动线关系，即根据视觉凝视特点，发挥景观小品点线面要素的方向性特点，根据视觉规律，发挥点、线、面的引导功能，形成造型的动态，可以用来表达作品具有生命力、表现力和张力等。处理空间层次关系，即根据空间要素的主次重要性和视觉运动特点，区分要素应处的位置和占有的比重，塑造远近、高低、错位等空间层次关系。例如，通过近大远小的视觉特点，可以创造两个形体的空间感，示例见图 6–21。

图 6–20　抽象雕塑

图 6–21　具象雕塑

景观小品通过处理要素关系、构成关系、数学关系和空间关系，形成的创新途径导图如图 6–22 所示。

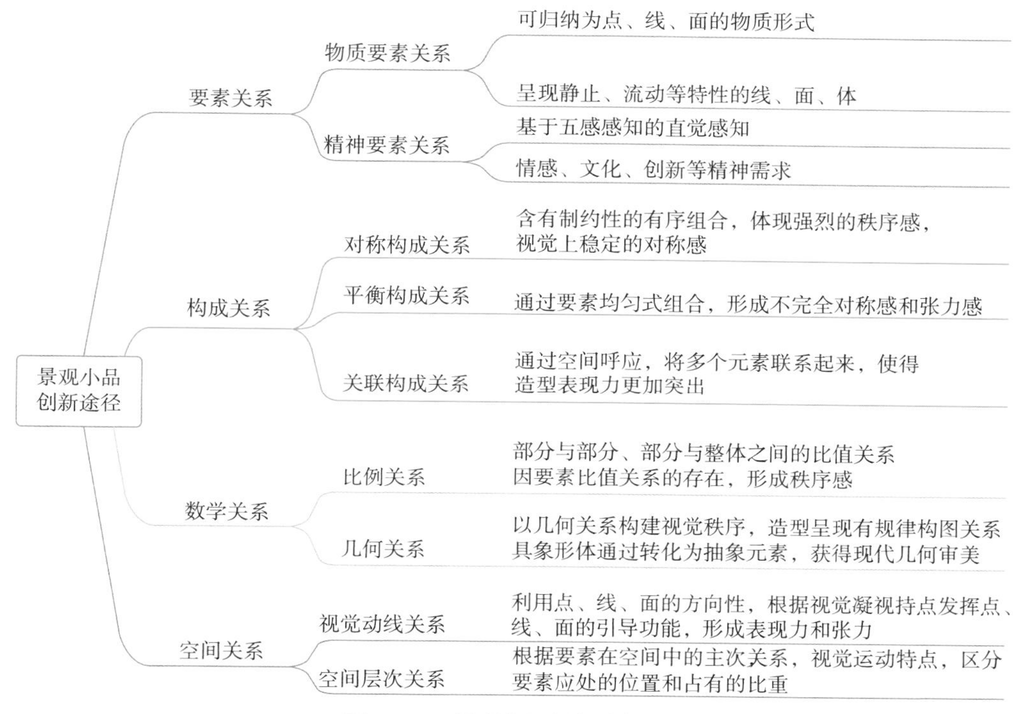

图 6–22　景观小品创新途径导图

小结

景观小品的创新设计，从设计策略、设计手法和设计途径三个角度思考。其中，设计策略需从形态策略和外部空间策略两个方面分析。形态策略包括形式追随功能、彰显艺术审美性、以人为本和可持续发展四个方面。外部空间策略，包括与空间造型相统一、与空间功能相呼应、与软质景观相依托，以及与城市历史人文相协调。设计手法在于从符号学视角对形式符号解构与重构，通过解构与重构，打破传统形式和内容的束缚，挣脱现有框架，形成新的视觉语言和内涵。景观小品的创新设计途径，是处理好要素关系、构成关系、数学关系、空间关系，从而创作出形态与内容、物质和精神和谐统一的高质量创新作品。

第 7 章

景观小品评价与管理

第一节　城市景观小品评价

城市景观小品建设，是城市景观规划的重要内容之一。城市景观小品作为城市公共空间的重要组成部分，对城市景观小品进行评价，有助于筛选出优秀设计方案，并为方案落地建设提供依据。探讨城市景观小品的评价标准，用评价结果指导城市景观小品的设计、建设和管理，可以提升城市公共空间的整体品质。

一、评价指标体系的构建

根据《城市雕塑工程技术规程》《历史文化名城名镇名村保护条例》《城市绿化条例》《风景名胜区条例》等法律法规，按照科学性、可行性、针对性、层次性原则确定景观小品的评价指标体系为三个层级。三个层级具体为：目标层（A），目标层细化为若干准则层（B），各准则层下又相应设置诸多指标层（C），从而进一步构建出相互关联的评价系统。

景观小品评价系统的目标层 A 只有一个要素，准则层包含 6 项要素，指标层包含 18 项要素。目标层 A 为“景观小品价值系统”；准则层 B 包含的 6 项要素为：美学价值 B1、功能价值 B2、意象表达 B3、生态效益 B4、用户体验 B5 和艺术智能化 B6。指标层 C 包含的 18 项要素为：视觉吸引力 C1、创意性 C2、细节处理 C3、实用功能 C4、耐久性 C5、安全性 C6、维护方便性 C7、地脉表达 C8、文脉表达 C9、史脉表达 C10、环境友好性 C11、生态功能 C12、可持续性 C13、舒适度 C14、满意度 C15、可达性 C16、智慧科技性 C17 和交互性 C18。

二、评价指标体系释义

如表 7–1 所示，为景观小品评价指标的释义。

表 7–1　景观小品评价指标释义

目标层（A）	准则层（B）	指标层（C）	因子释义
景观小品价值系统	美学价值 B1	视觉吸引力 C1	视觉吸引力是指景观小品的设计是否美观，能否吸引市民和游客的注意力。景观小品应具备独特的造型、和谐的色彩搭配和适当的比例关系，以确保其在城市空间中具有突出的视觉效果。
		创意性 C2	景观小品的设计应具有区别于已有作品、新颖、独特的造型与内涵。小品创意设计应突破传统的思维模式，结合现代设计理念和技术手段，创造出新颖独特的作品。
		细节处理 C3	景观小品的美在于对细节的处理，包括材质选择、色彩搭配、表面肌理、工艺手段、比例尺度等方面，强调设计的精细与深入程度。细节处理能够提升景观小品的品质和耐久性，使其在长期使用中保持良好状态。
	功能价值 B2	实用功能 C4	景观小品设计具有某项实用功能，满足市民生活中休息、健身、遮雨、庇荫、等候和照明等实际需求。为经济、空间等综合效益考虑，一件景观小品可考虑多种功能融合。
		耐久性 C5	景观小品的材质和结构能够长期使用，以及抵御各种气候条件带来的不良的影响。耐久性的设计不仅能够减少维护成本，还能确保景观小品的长期美观和功能完整。
		安全性 C6	景观小品的设计应考虑到使用者的安全，避免锋利的边缘和容易滑倒的表面。滑梯和秋千等具有特殊结构和服务对象的设施，需要特别关注其结构的稳定性，应计算其结构、应力、承重等方面指标。
		维护方便性 C7	景观小品在耐候性方面表现优良，则能够减少维护频率和成本。使用模块化设计、选择合理的施工工艺，以及选取易拆卸构件，能够促进景观小品维修的便利性。
	意象表达 B3	地脉表达 C8	根据景观小品所在的城市地理特征、具体场所地理环境特征，提取相关地脉符号完成设计。
		文脉表达 C9	考察景观小品所在城市文化，展开创新构思，作品应具有深刻的文化内涵和文化主题。
		史脉表达 C10	考察小品所在城市的历史，探寻历史发展脉络，作品在表现历史人物、历史事件和历史遗迹等方面的翔实、深刻程度。
	生态效益 B4	环境友好性 C11	景观小品在设计和建设过程中应尽量减少对环境的负面影响，采用环保材料和工艺，减少资源消耗和污染，促进城市绿色发展。使用可再生材料减少对自然资源的损耗。采用低能耗的照明设备和节水系统，减少能源和水资源使用。

续表

目标层（A）	准则层（B）	指标层（C）	因子释义
景观小品价值系统	生态效益 B4	生态功能 C12	景观小品应具备改善城市微气候、提升城市生态环境质量，改善市民的生活质量的作用。通过增加绿植、水体、降低噪声干扰等景观形式，改善城市空气质量，降低温度，减少热岛效应。
		可持续性 C13	考虑长期效益和可持续发展原则，确保景观小品在使用过程中能够持续发挥效益。景观小品的可持续性设计不仅关系到环境保护，还涉及社会和经济效益。耐久性强的材料和低维护成本的设计，能够确保景观小品的长期使用和经济效益。
	用户体验 B5	舒适度 C14	景观小品应提供良好的使用体验，例如舒适的座椅、有效的遮阳设施等。使用舒适度关系到市民的使用意愿。实现景观小品的舒适性关键在于依托人体工程学形成合理的静态和动态尺寸，依据环境心理学形成符合行为 需求的结构和尺寸等。
		满意度 C15	通过市民和游客使用信息反馈，了解人们对景观小品的整体评价和使用意愿。通过问卷调查和实地观察的方法，可获得市民和游客对景观小品的满意度评价。通过分析关于造型、功能等方面满意程度的反馈，做出进一步改进和优化。
		可达性 C16	景观小品的设置地点是否合理，是否易于到达和使用。合理的可达性能够提高景观小品的使用率，发挥其在城市空间中的功能性。还可通过导视牌和信息栏的设置，提供清晰的指示和信息，引导市民和游客到达目的地。
	艺术智能化 B6	智慧科技性 C17	景观小品设计过程、施工过程使用了哪些科技手段；景观小品建成后，提供的使用功能、艺术效果中有哪些先进的技术；后期管理维护中，是否使用科技手段进行智能分析。
		交互性 C18	鼓励市民参与到景观小品的塑造、使用、评价和管理中，使景观小品不仅是观赏对象，也是互动交流的平台。交互设计可以通过人机交互和使用者之间互动两种方式实现，从而增加公共空间的活力和趣味性。

三、评价方法

由上述分析可知，景观小品的指标层要素种类丰富，而由于在具体建设项目中侧重的因素是不同的，因此，对景观小品进行评价时，应通过向专家、公众做出问卷调查，根据具体情况选择相应的方法，对指标进行定性和定量分析做出综合评价，最终评选出最优方案。常用的评价方法有层次分析法、模糊综合评价法、语义差别法等。

（一）层次分析法（AHP）

层次分析法（Analytic Hierarchy Process，简称 AHP）是美国运筹学家匹茨堡大学教授萨蒂于 20 世纪 70 年代初提出的一种层次权重决策分析方法。层次分析法是指将一个复杂的多目标决策问题作为一个系统，将目标分解为多个目标或准则，进而分解为多指标（或准则、约束）的若干层次，通过定性指标模糊量化方法算出层次单排序（权数）和总排序，以作为目标（多指标）、多方案优化决策的系统方法。

（二）模糊综合评价法（FCE）

模糊综合评价法（Fuzzy Comprehensive Evaluation，简称 FCE）的概念于 1965 年由美国自动控制专家查德（L.A.Zadeh）教授提出。模糊综合评价是以模糊数学为基础，应用模糊关系合成原理，将一些边界不清、不易定量的因素定量化，从多个因素对受制约的事物进行综合性评价的一种方法。景观小品模糊综合评价，是运用模糊数学理论，对其各项评价指标进行模糊化处理，然后通过模糊运算得到综合评价结果。

（三）语义差别法（SD）

语义差别法（Semantic Differential，简称 SD），使用语义差别法的景观小品调查问卷，其题目包含一系列相反的形容词，如“安全—不安全”“视觉吸引力强—视觉吸引力弱”等，让评价者对景观小品的各项指标进行打分，计算出得分以此评价景观小品的品质。通过定量分析获得评价者感受的分值，有助于揭示景观小品在感知层面的特点。

总之，每种评价方法都有其特点和适用范围，可以根据景观小品的具体评价目的选择合适的方法或多种方法相结合进行评价。同时，为了保证评价结果的客观性和准确性，还需要注意评价过程的科学性和规范性。

第二节　城市景观小品管理

中国城市建设进程推动景观小品的数量和种类不断增加，因此，景观小品管理的重要性也日益凸显。有效的管理不仅能延长景观小品的使用寿命，还能确保其安全性和功能性。景观小品的管理不仅涉及具体的操作和执行，还需要统筹规划、组织协调、指挥控制、监督反馈等多个方面，需要从规划与设计、安装与施工、日常维护、安全管理、法规与政策、公众教育与参与、科技应用、评估与反馈等多个方面进行综合管理。景观小品的管理强调过程的连续性和动态性，需加强事前、事中、事后全过程监管，管理时既要关注当前景观小品管理面临的问题和挑战，也要具有前瞻性和应变能力。

一、方案评审阶段管理

（一）专家评审

创作方案的选择是保证设计质量的关键，专家评审方案是设计阶段的重要环节。在确定方案过程中，应通过公开招标、设计竞赛等方式，选择有经验、有创意的设计团队和艺术家参与景观小品的设计。通过广泛征集设计方案，吸引优秀设计人才参与带来更多的高质量作品。对方案进行评审是管理工作中的核心环节，评审专家凭借其丰富的专业知识和工作经验，在遴选方案中发挥至关重要作用，进而对于提高工程项目的建设质量、合理降低工程造价发挥影响①。当前，政府部门需要进一步健全设计方案筛选机制、专家评审决策机制，促进对设计方案科学、公正的评判。

专家评审过程中还必须对加强景观小品题材的审查，特别是雕塑、装置等公共艺术。近年来，昆明“灵魂出窍”雕塑、湖北武汉“生命”雕塑、昆明大观园“裸女”雕塑等造型丑、低俗的作品被评为全国最丑雕塑，这类公共艺术破坏了城市文明风尚。艺术设计必须坚持讲品位、讲格调，以社会责任感抵制为博眼球和获取经济利益向庸俗、低级趣味让步的现象。专家评审过程中对景观小品主题进行核查，确保其符合道德观、价值观和世界观，以及符合城市文化定位。专家从景观小品的思想性、功能性、艺术性等多角度入手，对重要人物和标志性事件为主题的景观小品重点关注，通过彰显时代特色、以人民为中心、体现艺术水准的设计引领社会风尚。

（二）公众参与

专家评审后，将备选方案在公共媒体平台展示，鼓励市民投票、评价。通过公众投票、意见征集会等形式，积极鼓励公众参与设计过程，让市民参与到设计方案的选择和优化中，使设计方案更贴近实际需求，提高认可度，帮助市民获得参与感和尊重感。

---

① 黄林，罗彦，葛永军．深圳市城市规划及管理前瞻性问题研究［J］．城市规划，2006（9）：74-78.

普通市民的参与方式，更多的是通过线上、线下两种方式进行网络投票或社区实地投票，对设计方案进行评选和反馈。组织意见征集会，是邀请市民代表、相关领域专家学者、设计团队等参与讨论，共同完善设计方案。两者都是通过提供互动交流的平台，集思广益提升设计方案质量。

二、施工阶段管理

（一）施工质量管理

景观小品的设计师和管理部门等政府部门要全程监督景观小品的制作和施工，确保按设计方案落地实施，不发生随意变更已批准设计方案的现象。施工质量控制是确保景观小品长期稳定、安全的重要保障。施工质量控制包括以下内容：

（1）材料选择和检验：严格按照设计方案选择和检验施工材料，确保材料的质量和设计符合要求。例如，石材的耐久性和美观性，金属的防腐性和强度，木材的防虫和防腐处理等。

（2）施工工艺和标准：严格按照施工工艺和标准进行施工，确保每一个细节都达到设计要求。例如，基础施工的稳固性和抗震性，连接部位的牢固性和美观性，表面处理的平整度和光洁度等。

（3）施工进度管理：制订详细的施工进度计划，合理安排施工时间和步骤，确保项目按时完成。施工进度管理包括施工前的准备工作、施工中的协调配合、施工后的验收和交付等[①]。

（二）施工监督

施工监督是确保施工质量和进度的重要手段。施工监督包括专业监理、现场巡查和工程验收三个方面。邀请专业监理单位进行施工监督，是确保施工过程符合设计方案和施工规范的重要保障。监理单位负责检查施工现场的安全措施、质量标准和进度安排，及时发现并纠正施工中的问题；管理部门对施工现场进行定期或不定期的现场巡查，有利于了解施工进度和质量情况，发现并及时处理问题，现场巡查可以提高施工单位的责任心和施工质量；在施工完成后，进行严格的工程验收是必要的环节，验收内容包括景观小品的结构稳定性、表面处理质

① 李希杰．建筑工程项目管理中的施工管理与优化策略研究［J］．河海大学学报，2021，49（6）：591–592.

量、功能实现情况等，验收合格后，方可交付使用。景观小品项目工程的工程量大小不一，小型景观小品的工程招投标及施工建设相对简单，复杂的景观小品项目工程需要有较为完备的工程建设流程，如图 7–1 所示。

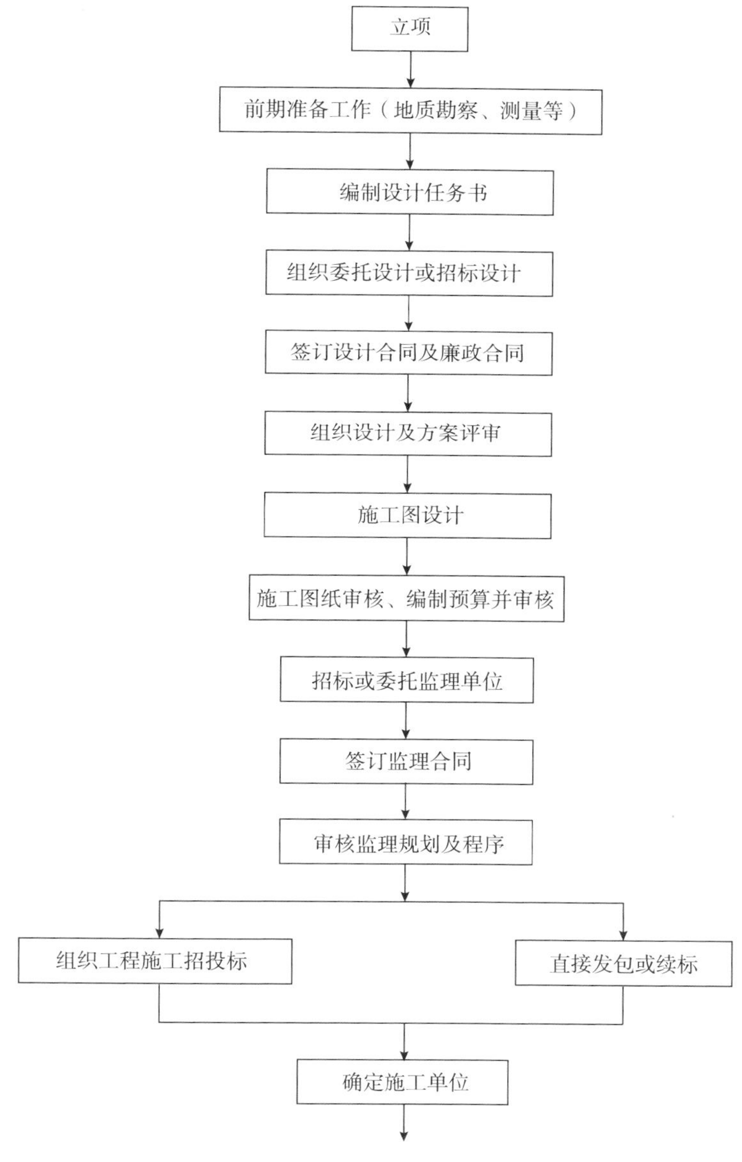

图 7–1　景观小品工程建设管理流程

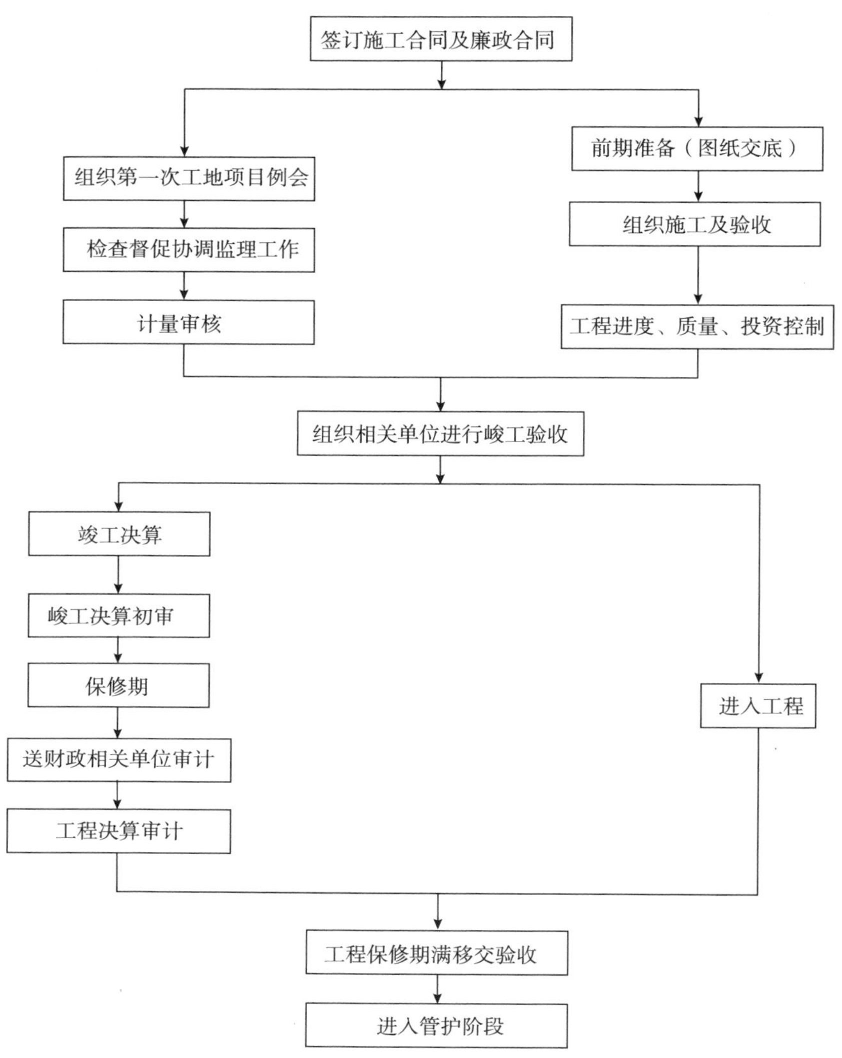

图 7-1　景观小品工程建设管理流程（续）

三、后期维护管理

（一）定期检查

定期检查是日常维护的基础。城市管理部门应制订详细的检查计划，对景观小品进行周期性巡查，及时发现损坏和潜在问题。检查内容包括安全性、表面清洁度和功能完好性。其中，安全性检查的重点是核查景观小品的基础和结构是否牢固，有无松动、裂缝等问题，确保景观小品的安全性；表面清洁度检查的重点是检查景观小品的表面是否清洁，有无污渍、涂鸦等问题，确保景观小品的美观性；功能完好性检查的重点是核查景观小品的功能是否正常，确保景观小品充分发挥使用效果。

三项检查内容中，对景观小品进行安全检查是重中之重，关键在于评估景观小品的结构稳固性和使用安全性。结构稳固性检查，是检查与结构相关的地基、材料、连接件等在受力、强度、重心等方面的问题。未到使用年限的景观小品出现了安全问题，质量缺陷可能来自于隐形或细微处。某些艺术作品的质量缺陷往往非肉眼可以早期识别，因此，要及时启动超声波等设备做好安全检测。特别是对于大体量、直立型的雕塑，借助技术设备进行检测，对倾倒、坍塌等进行及时预警。而使用安全性检查，是检查景观小品的使用过程中对人身健康的保护，如检查人机接触面平整度、有无锐角等，从而确保人在景观小品使用过程中的安全性。

（二）清洁维护

对景观小品清洁维护是后期管理工作内容之一。清洁维护包括硬质景观表面清洗和软质景观的养护。硬质景观表面清洗，是定期对景观小品进行清洗，防止污垢积累和污染物侵蚀。清洗方法根据景观小品的材质特点选择，确保清洗效果和保持景观小品原貌，促进景观小品长时间维持形象风采。软质景观养护，是指对于花坛、绿地等植株定期浇水、修剪和施肥，水景设施的水质净化，填土塌方维护等，确保植物健康成长、水质无污染和草坪地面保持原有外观。各类养护应根据季节、植物的生长情况进行调整，以使维护后的软质景观保持生命力和展示效果。

（三）修复与更换

对于损坏的景观小品，应及时进行修复或更换。对于小型损坏，例如表面划痕、涂鸦等，使用常规基本操作即可。对于大型或不可修复的损坏，例如结构性问题、严重破损等，则需要进行更换。更换工作应按照原设计方案进行，确保更换后的效果与原设计一致。景观小品的材料老化、腐蚀等问题，应及时进行重新喷涂、修复或更换。修复工作使用专业技术，确保修复后的效果与原设计一致。

四、政府与政策监管

（一）设计标准制定

文旅活动中，人们会触摸龙凤、麒麟、神龟等造型以求吉祥。然而，从安全角度考虑能否允许这种近距离接触行为的发生值得思考。一些可爱、有趣的小动物造型能否允许儿童骑、钻、坐等行为，以及高度、重量较大的雕塑能否允许儿童近距离耍玩，这些都是需要加以论证，并形成一定的标准，以确保景观小品在使用过程中保持安全性，否则就会引起类似四川中江县铜钱雕像伤亡事故的发生。政府相关部门会同专家制定景观小品的设计标准，内容包括：

（1）结构力学标准：与地面的接触防滑性能，造型需达到的工程结构、力学等物理性能。

（2）材质标准：材质选用标准、保养标准、清洁标准。

（3）使用寿命标准：材质更换时间年限、维护周期及生命周期。

（4）安装地点标准：有无地理气候方面的特殊要求，耐寒、耐湿、耐酸、耐碱、耐晒等性能要求；安装地面地质要求，例如土质、地基硬度要求等。

（5）使用标准：是否允许触摸、骑跨、按压等行为；人景的安全隔离距离、互动操作规范等。

（二）政策法规监管

2020 年 9 月中华人民共和国住房和城乡建设部专门发布《关于加强大型城市雕塑建设管理的通知》，通过一系列文件明确城市雕塑的管理要求①。上海也发布了适应本地管理的《上海城市雕塑建设管理办法》。各省级住房和城乡建设部门要求加强与相关部门工作协同对接，加大大型城市雕塑建设项目审查审批的指导力度②。全国城市雕塑建设指导委员会及其办公室，负责对各地城市雕塑建设的指导监督。有的省市有专门的城市雕塑管理委员会来统一管理包括雕塑在内的公共艺术，而一些城市则出现城管与建设部门之间职责不明确、缺乏管理标准的现象。因此，有必要制定各地具体的城市景观小品管理条例，对包括景观设施、公共艺术在内的景观小品做出更为明确的规定，明确各部门的职责和任务，规范景观小品的设计、施工和维护标准，打通景观小品的规划、建设和维护各个环节。

各地政府监管部门树立正确的政绩观、文化观、价值观和审美观，落实各方主体责任，完善制度机制③，切实在城市建设管理中通过政策、标准、法规的落实，起到树立正确价值理念、引领文化自信、责任自觉的作用。明确主体责任，各级政府景观小品主管部门要落实管理职责，制定景观小品标准，加强景观小品

---

① 住房城乡建设部.关于加强大型城市雕塑建设管理的通知［EB/OL］. https://www.mct.gov.cn/preview/whhlyqyzcxxfw/hjbh/202012/t20201217_919720.html，2020-09-29/2024-07-10.

②③ 住建部.严禁盲目建设脱离实际脱离群众的大型雕塑［EB/OL］. http://paper.people.com.cn/rmrbwap/html/2020-10/23/nw.D110000renmrb_20201023_5-06.htm，2020-10-23/2024-07-10.

管理制度制定，协调与城市风貌管理、城市设计、建筑设计等工作的统筹机制，保持与文化和旅游、园林绿化等部门沟通协调。对于突破底线、管理工作不力的建设形象工程、政绩工程以及造成恶劣社会影响的景观小品项目，要开展问责。

（三）资金使用管理

资金支持可以通过政府拨款、社会捐助、企业赞助等多种方式实现，以确保项目的顺利进行。充足的资金保障是景观小品管理的基础，资金保障包括以下三个方面。

1. 政府百分比计划

城市景观品质的提升，需要与城市发展水平、可持续的公共财政状况相吻合，切忌攀比、炫耀、急功近利。从供给上杜绝粗制滥造和决策失误的情况，政府拨款时，按照市政建设、城市绿地建设等项目工程总价的比例，设立专项资金，用于景观小品的规划、建设和维护，确保项目的顺利进行。政府拨款应根据项目的规模和重要性进行具体分配，如艺术类景观小品建设经费设置在工程总造价 1%~2%，功能类景观小品达到 1%~3%，从而明确资金的合理使用范围。

2. 社会资本参与

鼓励社会资本参与景观小品的建设和维护，形成多元化的资金来源。社会资本参与可以通过捐助、赞助、合作等多种方式实现，增强项目的资金保障。

3. 资金使用监督

一方面，加强对资金使用的监督，实行资金审计，确保资金合理使用[①]。建立资金使用公开机制，定期向社会公布资金使用情况，接受社会监督，确保资金使用透明。另一方面，从建设流程上进行改革。具体说来，建设过程中实行各个环节相互剥离的政策，竞标发布、公示陈列、建设维护等环节由不同主体负责，且采取多笔款项分阶段核验合格后付款的方法，或者约定景观小品工程建成后一至三年不出现质量问题再拨付余款，从而减少豆腐渣工程。

（四）应急预案管理

政府部门针对可能发生的突发事件，例如自然灾害、人为破坏、雕塑致人伤害等，需要制订详细的应急预案。应急预案包括应急措施制订、应急人员培训以及应急物资准备等。首先是应急措施的制订，在制订详细的应急措施时，需要明

① 汪坚强，韦婷娜，邓昭华，等.面向高品质空间营建的城市设计审查制度构建——英国威尔士经验解析及镜鉴［J］.城市规划，2022，46（4）：96-106.

确应急人员的职责和任务，确保应急工作有序进行。例如，在发生自然灾害时，应急人员应迅速检查景观小品的损坏情况，及时进行修复或更换，确保市民的安全。其次是对应急人员的培训，提高其应对突发事件的能力和应急处理水平。培训内容包括应急预案的实施步骤、应急物资的使用方法、突发事件的应对措施等。最后是应急物资的准备，例如应急维修工具、防护设备、通信工具等，确保在突发情况下能够迅速反应，减少损失。

五、智能化管理

（一）智能控制系统

利用物联网技术、智能传感系统、远程控制系统等现代科技手段，可以实现对景观小品的智能化管理。

通过物联网技术，实现对景观小品的远程监控和管理。例如，在景观小品上安装传感器，监测其结构稳固性、使用情况和环境条件，及时发现并处理问题，提高管理效率和效果。智能传感系统，是指利用智能传感器技术，实时监测景观小品的状态，及时预警和处理问题。又如，通过温湿度传感器、振动传感器等，监测景观小品的环境条件和结构变化，预防安全隐患和损坏。远程控制系统，是指建立远程观测控制系统，实现对景观小品的远程操作和管理。再如，对喷泉的喷水效果、灯光的亮度和色彩等进行远程调节，提高景观小品的使用效果和美观性。

（二）大数据分析

通过大数据分析技术，对景观小品的使用情况、维护情况、市民反馈等进行分析，为管理决策提供科学依据。

使用情况的大数据分析，是指了解景观小品的使用频率、使用时间、使用人群、使用路径和使用偏好等情况。通过监控摄像头捕捉、安装操作计数器、网络平台热力图等途径获得数据，分析景观小品的实际使用状态和使用效果。

维护情况的大数据分析，是指了解景观小品的维护项目、维护频率、损坏原因、维护成本等情况，为改进维护策略提供数据支持。通过维护记录、维修报告等数据分析，优化维护方案，降低维护成本，提高维护效果。

市民反馈的大数据分析，是指通过数据采集和分析，了解市民对景观小品的意见和建议，为改进设计和管理提供民意支持。例如通过问卷调查、意见箱、网络平台评价等获得数据，分析市民的反馈意见，了解市民的需求和期望，改进设计和管理策略，提高市民满意度。

小结

通过景观小品的评价和管理，可以实现对质量的把控。对景观小品进行评价，需要建立关于景观小品建设目标、建设准则，以及具体细节指标的评价指标体系。对城市景观小品进行评价的过程，是对美学价值、功能价值、意象表达、生态效益、用户体验和艺术智能化等内容的具体分析，以 AHP、FCE、AD 等评价方法衡量景观小品质量的过程。

景观小品的管理，强调过程的连续性和动态性，加强事前方案评审阶段管理、事中施工阶段管理和事后维护阶段管理。景观小品方案评审阶段的管理，要充分听取、尊重专家和公众两方的意见。施工阶段管理，从施工质量和施工监督两个方面着手。景观小品在建设完成进入后期维护管理，包括定期检查、清洁维护和修复更换。政府监督管理需做好设计标准制定，利用政策法规监管、资金使用管理、应急预案管理，以及借助科技手段加强管理。通过多管齐下，形成程序化、标准化和制度化的评价和管理模式。

下篇

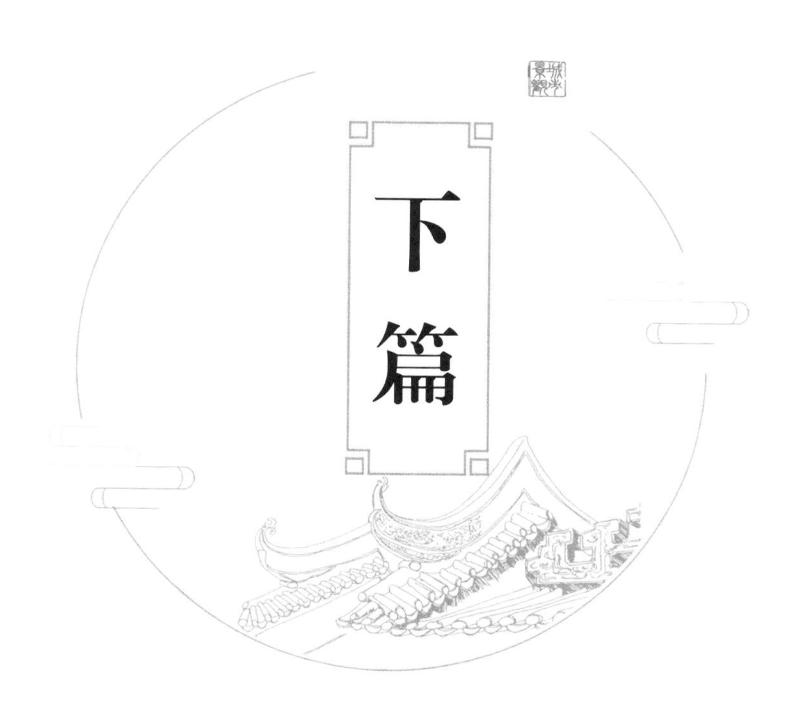

第8章
淮河流域文化及景观分类

第一节　淮河文化概述

一、淮河流域概况

淮河地处中国东部，战国时期地理著作《禹贡》云:“导淮自桐柏，东会泗、沂，东入于海。”《大明统一志》曰:“桐柏山，淮水出其下”。淮河上游和以南区域是桐柏山和大别山，大别山蜿蜒穿过河南、安徽、湖北三省。淮河下游是苏北平原，河流支系众多，星罗棋布的湖泊和湿地镶嵌其中。淮河和秦岭(伏牛山脉)之间连城的线，被称为中国南北地理分界线。该区域内气候是由温带转向暖温带过渡的地带，形成了四季分明的季相特点，降水相对充沛，水系发达。历史上的淮水是一条独立入海的河流，但是后来受黄河夺淮的影响，地形和水系发生了很大变化。再加上淮河流域土质疏松、容易塌泄，不同于黄土的直立性、黑土的延展性、红土的黏连性，所以淮河河滩低平、河岸矮浅，淮河中下游容易洪水泛滥成灾。为应对季节性洪水泛滥，人们修建了高地作为居住栖息之所，至今，淮河两岸高台上的台庄民居随处可见。

淮河流域兴修水利的历史非常悠久。战国时期淮南市寿县芍陂灌溉工程、荥阳鸿沟人工运河、隋唐的汴渠、元明清三代修建的京杭运河淮河段以及洪泽湖大堤等，在中国水利发展史上声名斐然，至今发挥着造福两岸人民的作用。由于水利在生产生活中的重要价值，以及在我国的悠久历史，2014 年中国大运河入选世界文化遗产名录，2015 年芍陂灌溉工程入选世界灌溉工程遗产名录。

二、淮河文化区域界定

五千年文明发展史是我国人民拥有强大生命力、创造力和凝聚力的源泉。淮河文化是中华民族优秀传统文化的重要组成部分，此地诞生了老子、孔子、墨子等众多思想家，拥有郑州、开封、曲阜、寿县等十余座国家级历史文化名城，这些名人名城在当代影响深远。被誉为“东方芭蕾”的花鼓灯艺术、中国第一首民歌“南音”、第一曲乐舞“大夏”皆诞生于此。

对于淮河文化的区域范围，学界普遍认为是包含淮河干流及其所有支流所到之处，即从西起伏牛山、桐柏山，东至黄海，北达古黄河南岸（包括郑州、开封、淄博一线），南至大别山和皖山余脉、长江下游北岸。淮河文化是该区域内自发产生的文化和外来文化的综合，是涉及河南、安徽、江苏、山东及湖北五省的共同区域文化。

淮河介于长江和黄河之间，对于淮河文化区域的划分，还需要考虑淮河支流区域与黄河、长江的地理、人文关系。黄河南岸的有些地区既是淮河支流的上游，也是黄河干流和支流附近的地区，两处土地水系交错。因此，从国土结构来看，淮河文化的区域范围以淮河干流流域为主，也要考虑两岸和支流地区受到的黄河文化和长江文化对该区域的影响因素。

在淮河文化沉淀的过程中，不可避免的受到与之接壤地区文化的影响。与淮河相邻西北面有中原文化、东北面有齐鲁文化、西南面有荆楚文化、东南面有吴越文化。从水系流域来看，淮河中上游地区是春秋战国时期楚国，楚国晚期迁都至寿春，因此，淮河中游一带深受楚文化的影响，现今的寿春一带还留存着楚考烈王墓、楚都寿春古城等。淮河下游是吴国势力范围，因此，该区域也夹杂了部分吴越文化。同时，淮河又与中原和齐鲁大地直接相接，其文化中也有中原文化和齐鲁文化的影响因素。

三、淮河文化特征

由于淮河流域和周边地区在山水环境和生活生产上的流动性，以及文化交流的持续性，淮河流域文化呈现出鲜明的多元和开放的特点。

淮河文化多元性表现为历史发展过程中融汇了长江、黄河流域的文化，以及周边古代王朝的多种国别文化。这些文化相互影响、相互滋养、和谐共存。在多元文化环境中，淮河流域的人民学会了批判性思考，借鉴各类文化的优点和长处，各类优秀文化在该区域经岁月沉淀被较好地保留并融汇在一起。

淮河流域对待外来文化表现为接纳、包容的态度，形成了淮河文化开放性的特点。淮河流域周边的多种文化都有其独特的价值和魅力，对外来文化持开放态度可以帮助原生地人民拓宽视野、提高格局。不同文化背景下的思维方式、价值观和生活方式的冲击，更容易推动淮河流域的创新和发展。开放的态度是淮河两岸居民鉴于南北交汇地带的特殊地理位置，做出降低误解冲突、谋求发展的明智之举。淮河流域至今一直保持开放的对外姿态，对外来文化兼收并蓄的广博胸怀，使淮河流域在历史发展中获得长足进步。

淮河两岸因淮水而获得发展，因水而兴盛，淮河文化形成了与水文化相关的文化面貌。两岸人民深受水文化的浸润和滋养，体现出包容涵养的性格特征。“水利万物而不争”“君子以厚德载物”，对水文化的深刻感悟，形成了淳朴的民风民俗，以及尚德、勤劳的淮河人文风貌。

通过对淮河流域地理范围和淮河文化区域的界定，淮河文化多元、开放的特点逐步清晰。当前，我国文化旅游事业蓬勃发展，人们游历文化胜地，参加文化活动，获得文化知识和体验。因此，要充分认识淮河地域文化的价值，保护开发淮河文旅景观，打造淮河流域文化的整体形象，推动淮河文化发挥更大影响力。

第二节　淮河流域景观分类

沈约《悲哉行》中写道，“旅游媚年春，年春媚游人”，描述了古人踏春旅游的习俗。在当代，旅游已然成为现代人休闲生活的一种方式，旅游服务产品更是受到前所未有的关注。淮河流域城市从地脉、文脉和史脉的角度，发展出生态景观、文化景观和教育景观三种旅游产品形式。

一、基于淮河地脉的生态景观

（一）淮河流域地理环境特点

淮河流域自然资源丰富，大小山川河流湖泊数以千计。伏牛山、桐柏山、大别山、八公山、沂蒙山等山脉堪称自然宝库，富含多样的地质构造与生态景观。湖泊有洪泽湖、高邮湖、信阳南湾湖、盐城宝应湖、霍邱城东湖等，围绕河流湖泊形成了丰沛的湿地和林地。除了拥有广阔的山水生态资源，当地居民在发展生产、利用自然的同时，也开展了淮河治理，注重对自然地理的改造，形成了一批美观、适用的人文生态景观。例如楚国令尹孙叔敖主持修建水利灌溉工程，即世界第一大人工塘安丰塘（古芍陂），是沿用至今的水库景观。

（二）基于淮河地脉的生态景观建设方向

生态旅游是由国际自然保护联盟（IUCN）特别顾问谢贝洛斯·拉斯喀瑞Ceballos-Laskurain）于1983年首次提出，以有特色的自然生态环境为主要景观的旅游。具体是指以可持续发展为理念，以保护生态环境为前提，采取生态友好方式，以统筹人与自然和谐发展为目标，依托良好的自然生态环境开展的生态体验、生态教育、生态认知活动，并获得身心愉悦的旅游方式。

在当代，淮河流域的城市生态景观建设，应充分彰显淮河地理特点，使其在宜居、宜业和宜游方面发挥作用。一方面，继续发挥地理资源服务群众生活生产功能，另一方面，对环境细节改造，使其适合各类生态休闲活动。例如，蚌埠淮河闸、阜阳王家坝等水利枢纽，一方面，发挥水利生产作用，另一方面，对其周边生态环境开发，建设成为观赏水景和水利工程、进行水上游乐项目的综合水利景观风景区。

湿地林地是淮河两岸自然环境的一大亮点，发挥着城市绿肺的生态功能。对湿地林地的自然环境和硬装设施等进行改造，使其适应生态休闲功能需要。通过加强水环境治理、植物培育、道路基础设施、管网设施等基础建设，以及座椅、观景凉亭、地理主题和动植物主题的景观小品建设，提升生态景观形式和内容，帮助人们投身自然环境欣赏和游乐，实现人与自然和谐相处。例如有“华东白洋淀”美誉的淮南市焦岗湖国家湿地公园、蚌埠沱湖湿地风景区以及淮北市南湖国家湿地公园，现已建设成为水产美食和观赏湿地景观的休闲生态景区。

淮河流域各城市的生态景观，虽然同属一个片区，在山水自然地理上有许多近似性，但在人文地理方面存在一定差异性，因此，生态景观设计应注意区分其中的不同之处。例如，同样是淮河上的水利工程，淮南市安丰塘水利工程体现的是中国最古老的水利工程技术，蚌埠水利闸风景区体现的是现代水利工程技术，王家坝水利闸风景区除了体现现代水利技术外，还应展现这里因多次作为泄洪、行洪区，人们为保大家舍小家的无私奉献精神。明确各地在人文地理景观方面的特点，有针对性地进行差异化设计，形成和而不同、各有亮点的淮河生态景观整体形象。总之，以淮河流域自然环境为基础的生态景观建设，不仅要体现生态景观特色，还要注意不同城市的景观资源形成互补，塑造淮河生态旅游品牌。

考察淮河流域各个城市的地理环境，都可以找到独一无二的环境亮点，围绕这些亮点可以塑造属于该城市的特色景观小品。蚌埠龙子湖西岸的南北分界线标志雕塑，立足本市地理位置特殊性，设计体现蚌埠地脉特色的雕塑《火凤凰·龙》。如图 8–1 所示，雕塑作品作为中国第一个南北分界线标志，其顶部是龙首造型，象征着“飞龙在天”；四根蓝色钢管指向北方，象征北方寒冷；四根红色钢管指向南方，象征南方温暖，作品充分体现了蚌埠南北交汇的地理位置特色。

图 8–1　雕塑《火凤凰·龙》

二、基于淮河文脉的文化景观

（一）淮河流域文化发展

各类生态环境的滋养，孕育了千姿百态的地域文明。俗语有云：“十里不同风，百里不同俗”，全国各地在民俗风情、礼仪规制、喜好忌讳等方面都存在差别，大自然与人类社会的互动，催生了风格各异的地域文化。早在春秋战国时期，齐鲁文化在淮河两岸与本地文化碰撞，先秦时期的荆楚文化、吴越文化、两汉和北宋之后南移的中原文化、明清之际兴起的淮扬文化，在淮河两岸交织、汇聚，并逐步沉淀成独具特色的淮河文化。

在思想领域，儒、道、墨、法等思想在淮河流域源远流长、繁荣发展，商周时代的东夷（包括淮夷）文化、涡淮两岸产生的老庄文化，在淮河两岸的民众中逐步树立，特别是道教文化，更是深植于人民信仰中。道教是中国的本土宗教，道教文化在中国文化中有着举足轻重的影响力。沿淮河两岸的道教历史上非常兴盛，成为中国本土宗教的源头之一。

在非物质文化领域，淮河流域孕育了口头文学、表演艺术、生产技艺、民俗节庆等多种文化类型。在这里不仅非物质文化种类繁多、内涵丰富，还具有独特的淮河地域特征。截至 2022 年，仅安徽省就有国家级非物质文化遗产 29 项，省级非物质文化遗产（一至四批）130 项，市县级非物质文化遗产以及尚未进入非遗名录体系的遗产不胜枚举。由于受到南北方双重文化的影响，淮河流域的文化艺术表现出南北方交融的特征。例如，被周恩来总理誉为“东方芭蕾”的花鼓灯艺术，在花鼓灯表演中男主热烈高亢，是典型北方文化特点，女主温柔细腻，又表现出南方文化特色，表演内容融汇歌、舞、戏，体现豪放和温婉的双重特质。淮河两岸居民发展本地文化，采借涵化外来文化，形成了区别于周边文化的独特魅力。

（二）基于淮河文脉的文化景观建设方向

基于淮河文脉的文化景观建设方向，是以淮河流域现有的物质文化和非物质文化资源为基础、以体现地方思想文化领域成就为特色，开展文脉资源整合，进行人文景观创新建设。

淮河流域物质文化景观的创新，首先需要收集、分类整理已有的物质文化资源。以沿淮道教文化景观为例。蚌埠市涂山风景区是道教文化盛行之地，有荆山峡、禹墟、荆山古城、上下洪等遗迹；禹王庙、启王庙、三皇庙等古建筑；白乳泉、圣灵泉、玉液泉、凤凰池、望夫石、四眼井、白龙井等景观小品，围绕这些物质文化，开展关于神仙—人、人—社会、宗教—政治等文化内容的情景叙事，提升道教景观内容的丰富度。淮河流域其他知名道教建筑有：亳州庄子祠和道德中宫、寿县碧霞元君祠、凤台茅仙洞等，围绕现存的道教物质文化，可以进行寺观园林景观小品建设，形成道教人文景观。

淮河流域的非物质文化景观建设，围绕地方神话、图腾崇拜、歌舞民俗、方言谚语、婚丧礼仪等展开。这些非物质文化在淮河流域有广泛的群众基础，对这些非物质文化进行传统与现代结合、守正与创新结合、保持原貌和新建景观结合，塑造内容丰富的淮河非物质文化景观体系。例如，遗址公园景观设计，可以思考将地方神话与遗址遗迹结合，形成浪漫主义与现实主义风格结合的景观。蚌埠有九尾狐神的故事，将狐神故事与涂山遗址进行结合，以开启神奇的遗址探险之旅为主线，沿探险路径做神话与遗迹相结合的小品创新，从而实现展示地方非遗文化、遗址保护和景观小品开发有机结合，塑造带有浪漫主义色彩的新型文旅景观。

淮河流域的政治家、军事家、文学家、医药学家和思想家多如繁星，围绕人物的生平事迹和思想成就开展系列景观小品设计，形成彰显人物学术观点、思想精神的文化景观，如建设老庄主题园、曹操纪念园、华佗纪念园等。通过人物雕塑、壁画、浮雕等公共艺术，充分展示人物思想中的闪光点，普及中国思想文化知识，引导社会树立正确的思想和价值观。

三、基于淮河史脉的教育景观

（一）淮河流域历史发展

中国历史上经历了世界上最长的封建王朝更迭，国家发展之路百转千回，形成了风云变幻、跌宕起伏的历史画卷。淮河流域文明史是中华民族发展史的重要组成部分，了解淮河流域的发展脉络和具体细节，等同于翻开了中华文明的华彩篇章。

淮河流域作为中华文明发源地之一，早在商代之前就聚居着许多部族，其中淮夷是淮水流域一个较为强大和有影响力的部落。距今约七千三百年的双墩文化，是淮夷文化的前身和上源。蚌埠市淮上区双墩村境内的双墩文化遗址，出土陶器上刻划符号内容包括动植物、房屋、狩猎、捕鱼、网鸟、养蚕、编织等丰富内容，反映了淮夷先民的生活状态，双墩文化遗址被认为是淮河流域悠久历史的见证。三千多年前商朝甲骨文和西周的钟鼎文中就有“淮”的记载；《史记》指出，“淮夷，淮水上人”。秦统一六国前，最早融合于华夏族共同形成汉族的，是与华夏族并立的夷族，夏商称为夷，西周将其分为东夷和淮夷。在不断迁移、征伐和发展中，古淮夷的居民不断增加，使得淮河流域成为中华民族最早居住区域之一。

自古以来，淮河流域的发展史是与农业生产、军事活动相伴的历史，是一部淮河儿女治水发展的奋斗史。两岸人民一方面顺应自然，充分利用淮河生态资源，结网捕鱼、种植生产，另一方面通过改造自然，在逆境中谋求更好地发展。从三过家门而不入的大禹治水，到淠史杭灌区和治淮工程，始终与水患进行着卓绝地斗争，特别是新中国成立以后，淮河治理工作取得了卓越的成效，淮河流域发展史总是绕不开与淮水相伴的发展奋斗史。

（二）基于淮河史脉的教育景观建设方向

基于淮河史脉的教育景观建设方向，一是通过结合现存的历史建筑、遗址遗迹、古木名树等直接展现历史风貌，二是艺术化加工史料尽量还原历史，或通过隐喻的方式间接展现历史风貌，形成输出历史观的教育景观。

基于淮河史脉的教育景观建设，从时间点上可按照淮河流域发生过的历史事件展开，例如垓下之战、淮海战役等。通过对历史事件背景、经过和结果的展示，还原事件原貌、传递历史信息。历史事件发生后留下的遗迹，例如宿州大泽乡起义遗址、砀山陈胜墓、刘邦军事避难地皇藏峪、灵璧楚汉相争古战场等，在遗址遗迹基础上开展历史战争主题小品建设，可以点代面展示丰富的历史内容。

基于淮河史脉的教育景观建设，从时间线上可按照淮河流域的上古时代、古代、近现代和当代不同时间阶段展开建设。例如“先秦历史主题”“秦汉历史主题”“楚史主题”“明史主题”等。淮河流域城市挑选城市历史中的亮点，通过系列历史人物雕塑、历史街景再现等，展示淮河流域古代社会的生产生活、风俗习惯，传递历史背景下城市的社会观念、政治制度、文化艺术等，达到普及历史知识和文化传统的目的。

总之，历史主题的景观建设，从时间点和时间线两个角度开展景观小品创新设计，可以更加充分地展示淮河流域的历史底蕴和文化魅力，增强公众对淮河流域的了解和喜爱。基于淮河史脉的景观规划及其细节设计，让人们观览景色的同时，理解淮河文化历史，并从历史中汲取营养，提升认知水平。

四、新型综合文旅景观

（一）景观空间与文旅演出空间融合

近年来，中国国内出现了一种旅游景观空间和文化演出空间融为一体的景观形式。这种既是室外真实景观空间，也是文化艺术表演的舞台，其表演内容被称为实景山水演出。实景山水演出一经推出就受到市场好评，中国第一部实景山水演出是张艺谋导演的《印象·刘三姐》。它以中国漓江的真水为舞台，以延绵群山为演出背景。而张艺谋导演的《印象·丽江》则以海拔 5596 米的玉龙雪山为舞台场景。置身于宏大的自然环境中观看演出，既是在观赏当地的历史文化，也是在欣赏壮丽的风景。淮河流域上游多山，中下游虽没有海拔很高的大山，但是低海拔的小山和山脉也较多，加之淮河贯穿该区域全境，因此结合这些山水自然环境打造实景演出的观览空间，是具备充分条件的。

当地选取淮河流域特色山水地段进行景观改造，同时将其作为户外演出舞台，演绎淮河文化故事。例如依托淮南八公山的山势地形，演绎淝水之战中“草木皆兵”“风声鹤唳”“投鞭断流”等典故。围绕文化典故进行演绎，可以形成多种主题的景观小品。景区的文旅演出活动与景观建设相得益彰，演出获得的经济和人流量，带动景观空间的持续建设。

（二）景观小品与文旅活动融合

2023 年 5 月，蚌埠旅游市场突然大火，频繁登上国内各大社交网络平台热搜。其缘由是热播的古装神话《长月烬明》的主角人物在现实中找到了对应的存在，“冥夜”与“桑酒”对应于蚌埠中国南北分界线雕塑“蛟龙”和张公山公园雕塑“珍珠女”，吸引了各地游客前去打卡。如图 8-2 所示，雕塑“珍珠女”的蚌壳采用全钢结构，中间的采珠女为汉白玉。采珠女高擎珍珠、脚踏浪花，充满昂扬朝气。以这两处景观小品为文旅龙头带动周边景区发展，蚌埠文旅及时推出首届文化旅游美食节，设计了《长月》打卡路线，让这座城市旅游活动更加贴心和丰富，从而带动了整个城市旅游业的发展。可见，即使是一个小小的景观小品，对城市发展的意义也有着非常重要的带动作用。

图 8-2　蚌埠珍珠女雕塑

当前，高热度的网红打卡点，艺术审美性较高的公共艺术占了较大比重。打卡拍照令旅游活动有了一种仪式感，让游客觉得自己的生活更加充实有趣。城市打卡点的景观小品建设，要有明确的主题定位，形式新颖，富有地域文化符号特色。不仅要加强景观小品本身的建设，同时景观小品周边环境也要配套建设。打卡点周边环境加强色彩、灯光对氛围营造，提供拍照道具、特色服装、开展互动游戏等，围绕景观小品对打卡点空间进行整体塑造，从而实现以景观小品建设带动城市文化旅游，以城市文旅活动收入支持景观长期建设的良性发展。

小结

习近平总书记强调民族文化自信的重要性，指出文化兴则国运兴、文化强则民族强。淮河文化应用于城市景观建设，是发挥淮河文化作为中华民族优秀文化的引领作用。基于淮河地脉的生态景观、基于淮河文脉的文化景观和基于淮河史脉的教育景观，是淮河流域城市景观建设的主要内容。在文旅活动兴盛的背景下，通过景观规划、景观小品与文旅活动的结合，新颖的文化景观形式可以很好地提供文化旅游服务产品，促进城市环境和经济发展。

第9章
淮河文化景观小品设计调研与分析

第一节　空间需求调研与分析

一、调研内容

景观小品创作开始前的调研活动，从景观小品所在的空间开始，调研内容包括空间规划指标、空间要素和功能的完整性、空间人文精神三个方面。

为某个空间区域进行景观小品设计，首先，要熟悉该区域的人类直接活动和间接活动空间的各类规划指标，包括既有的和希望达到的空间面积、市政基础设施配套、公共艺术百分比、绿化率等指标。直接活动空间是人们观赏、使用景观小品时停留的场所空间，间接活动空间是通过引导、帮助人们靠近景观小品的空间，例如通过指示牌、长廊等引导接近景观小品而形成的空间。人们的间接空间活动范围比直接活动空间的范围要大得多，两类空间对人的观赏和使用行为都有重要影响，因此，两类空间的上位规划指标、已有指标都需要进行调研。

其次，调查空间的完整性，包括调查景观要素完整性和功能完整性。景观要素完整性，需从自然要素和人为要素两方面思考。自然要素是指该空间原有和需添加的自然地理要素，包括地形地貌、植被、水体等自然元素。人为要素是指该区域已有和后期需添加的建筑、设施等硬质景观要素。调研空间原有要素有哪些，在种类和数量上是否齐全，是否还要适当添加新元素。调研空间功能完整性，是指调查景观小品是否具备完善的功能，已有功能能否很好地服务、辐射目标人群，是否在景观小品的帮助下形成了功能完备的场地。

最后，对城市空间人文精神的调研，是指从城市宏观空间和场地微观空间两个视角，对空间的人文地理、地方文化和历史发展等展开调查，对景观小品应具备的精神内涵做出分析。宏观上，从城市及其所在地域的大格局出发，调查其城市人文生态、人文传统和人文特色等；微观上从景观小品所在的具体场所，调研景观小品周边的建筑风格、设施年代、品味格调等，从而确立此次景观小品设计的文化创意方向。

二、案例分析

蚌埠淮河文化广场，位于蚌埠市蚌山区、涂山中路，占地 15 万平方米。该区域建设之前，其绿地覆盖率、人均公共绿地等生态指标，健身设施、公共教育、会展服务等社会功能指标，均处于较低水平。为增加绿地生态指标、丰富城市功能，疏解城市中心拥堵，蚌埠市将该区域规划为城市中心公共开放空间。

淮河文化广场规划中最为核心的建筑是会展中心。会展中心南广场设定为日常集会、休闲健身之用，会展期间作为临时户外展陈场地，因此，南广场通铺草坪和硬质铺装，在硬质地面周边增加健身器材，从而使得该区域具备健身休闲功能。广场西部规划建设蚌埠市图书馆，为市民提供学习场所。为与该区域功能匹配，该区域的景观小品应体现思想文化教育主题。因此，在图书馆西侧设置了《智慧之光》雕塑。该雕塑石材表面雕刻淮河流域思想家老子、庄子、刘安及其著作《淮南鸿烈》等，如图 9-1 所示。

图 9-1 雕塑《智慧之光》

淮河文化广场作为“城市客厅”，体现城市文化的景观建设是城市重点建设内容。设计师为广场活动设计了音乐喷泉，开挖喷泉形成的土方，就高叠山形成的两个微地形。两个微地形的命名结合本地两座历史悠久的山脉，命名为“荆山苑”和“涂山苑”。“荆山苑”“涂山苑”的名称传递了城市地理位置信息，以及城市悠久的历史文化。蚌埠双墩文化在中国文明史中有较高地位，围绕双墩文化在荆山苑上设计了以双墩人面陶纹头像为核心的雕塑，如图 9-2 所示。涂山苑上设计有 5 根高低不等的花岗岩石柱，柱身雕刻经艺术处理的刻划符号，如图 9-3 所示。雕像和石柱矗立在荆山苑和涂山苑最高处，分别命名“人文之祖”“华夏之光”，从而形成了反映地方文化的专属景观。

图 9-2　雕塑《人文之祖》

图 9-3　雕塑《华夏之光》

总之，前期城市空间的调研分析是城市景观小品开展设计的基础。在调研过程中，要了解城市和所在场地的具体条件，掌握空间规划指标、空间要素和功能的完整性、空间人文精神三个方面内容，从而确保景观小品的设计找准方向、贴合实际，并体现城市的独特风貌，通过充分的调查与分析，形成合理的设计方案。

第二节　使用需求调研与分析

马斯洛需求层次模型把人类需要从低级到高级分为五个层次，即生理需要、安全需要、爱和归属的需要、尊重的需要、自我实现的需要。在设计之前充分做好对人的需求分析，根据人的需求设计景观小品是以人为本设计理念的体现。

一、儿童景观小品需求分析

儿童在生理和心理都处于相对弱势阶段，面向儿童使用的设施用品，应重点关注设施的安全性和舒适性。面向儿童的景观小品设计，以儿童生理需要、安全需要为必要基础，以爱和归属需要为高层次需求。

从生理需要出发，面向儿童的景观小品要充分考虑到儿童的活动范围和身体特征，提供适合他们身高的座椅、游戏设备和空间布局。考虑到儿童的身高和力量等，儿童不能做出太复杂的操作，因此，景观小品的设计要体现儿童易用性，设施尺寸应适合儿童使用，例如扶手易于儿童抓握和上下运动等。

从安全需要出发，面向儿童的景观小品，需要保证儿童可以安全操控使用设施，确保儿童使用按压、脚踏、摇晃、锤击等动作时不会超出压力、重力预设范围。在造型上无锐角，避免儿童在使用过程中受伤。景观小品材料应环保、无毒。面向儿童使用的各类设施，还应考虑设施所处场域空间的安全性。例如景观小品所在的场地地面，应使用防滑材料，避免地面湿滑造成儿童滑倒后磕碰在景观设施上。设计时应考虑看护儿童的需求，景观小品周围应设置休闲座椅，供儿童及其看护人使用，同时，景观小品周边环境应具备视觉通透性，让家人无死角地看护儿童活动。

从爱和归属的需要出发，以景观小品为媒介提供儿童的社交空间。景观小品设计多人游戏模式，设施操作需要儿童组队玩耍，游戏过程需要交流和合作，培养孩子们的社交和协作精神，从而塑造以景观小品为核心的儿童社交空间。景观小品的设计，也可以考虑家长的参与，通过家长儿童共同参与游戏实现促进亲子关系。景观小品设计中融入自然教育和文化教育元素，例如植物标识、历史文化故事展示等，儿童在自由活动中受到教育，感受爱和归属。

总之，儿童使用的景观小品，不仅要以满足儿童的基本生理需求为基础，以提供安全活动为保障，还要注重爱和归属需求的满足，提升儿童的社交能力，增强亲子关系。加强儿童活动特点和心理需求的调研与分析，围绕景观小品建设，创造有益于儿童身心健康成长的城市户外空间。

二、青少年景观小品需求分析

青少年精力旺盛，处于热爱户外活动的阶段。因此，各种运动健身设施是青少年景观小品设计的重要内容。设计具有挑战性的运动设施或互动装置，可以让青少年在完成挑战的过程中获得成就感，找到青少年自我实现价值感。青少年处在对世界充满探索欲望的阶段，景观设施设置可操控按钮、可感应的喷泉、可攀爬的装置等互动景观小品，让青少年在交互中开展探索，获得乐趣和价值感。青少年由于白天要上学或工作，多利用周末或晚上进行户外活动，在安全性设计方面，不仅要关注运动设施器材的安全性，还需要考虑良好的照明设施设计确保夜晚活动的照明度，并在必要的位置安装监控设备，为青少年夜晚活动提供隐形的安全保障。

社交和人际关系建设对青少年非常重要，建设更多适合打卡的网红点是增强景区人气的方式之一。青少年参与文旅活动，打卡漂亮的雕塑、装置借以表达艺术审美，展示与朋友的娱乐场景，增强与朋友和同龄人的互动联系。青少年阶段是树立文化观、价值观的重要阶段，体现文化特色的景观小品可以增强青少年的文化认同感，找到爱和归属感。

城市公共空间提供可以涂鸦或留言的空间，让青少年能够表达自己的情感和想法，是青少年的爱和情感抒发的出口。在景观小品的设计中应考虑青少年的意见，让青少年参与到设计评价中，使他们感到被尊重和重视。

总之，青少年群体使用的景观小品，要从生理需要、安全需要、爱和归属的需要、尊重的需要、自我实现的需要五个层次综合分析使用者需求。

三、中老年景观小品需求分析

与其他年龄段的人不同，中老年人户外活动倾向于更为放松的康养。中老年人希望通过放松身心的休闲活动、健康锻炼和适度体能训练，以维持身体健康。

在安全需求方面，老年人体力有限，需要在设计适合老年人的运动设施、健身器材的同时，在其周边设计亭子、座椅等以提供老年人锻炼后休息，座椅应舒适且易于起坐，设施所在区域尽量弱化台阶高差。考虑到中老年人行动不再敏捷，需做好无障碍设计，确保其即使在使用轮椅和助行器的情况下，也可以轻松通过路径、入口等间接空间，抵达和自如操控设施。地面使用防滑材料，避免阶梯。由于中老年人视力减退，辨识力下降，公共场所需要更为明显、清晰的指示牌和道路标识。

考虑到老年人的精神生活需求，可以设置户外棋艺桌椅、桥牌设施等，形成各类中老年聚集休闲的社交空间。为形成舒适安静氛围，可以在周围空间增设灌木篱、花坛等，达到老年人安静康养的空间环境需求。

景观空间有时需要为少数特定人群提供专项服务，有时需要为更多人群提供多项综合服务。服务人群的数量和特点，决定了该区域的景观规划和小品设计方向。当面向多个群体服务时，需做好人群细分和功能区划，形成与之适配景观小品。功能区划是景观设计前期非常重要的工作。根据场地条件和消费者需求做好功能区划分，如图 9–4 所示，场地通过地面铺装的形状和色彩，区分幼儿、儿童、少年和青年不同年龄段孩子的活动区域。通过景观小品提供生理需要、自我实现需要等不同心理需求的服务功能，提升景观设施的服务质量和服务效益。

图 9–4 功能服务分区

第三节 调查研究方法

一、“A–E–I–O–U”分析法

如前所述，理解上位规划和场地现状，了解当前空间和人的需要才能更好地完成景观小品设计，令景观小品发挥其应有的价值作用。当代城市工作生活涉及的需求种类多种多样，需求内容越发丰富，需求标准越来越高。通过深入细致地调研，深刻理解人产生需求的原因，梳理满足需求的途径和寻找需求满足的方法。围绕景观小品的综合建设目标，选择恰当地调研方法才能有的放矢。

在调研过程中，“A–E–I–O–U”分析法是常用方法之一。其中 A（Activity）活动，即人们为实现某一目标而实施系列行为；E（Environment）环境，即活动发生的场景；I（Interation）互动，即人与人、人与物、人与环境等互动；O（Object）物体，即环境中的物体有哪些、有何不同，分别与用户产生了哪些关联；U（User）市民，即活动有哪些人参与，人们扮演了什么角色。从“A–E–I–O–U”五个要素入手，探求环境中对景观小品塑造产生影响的因素。通过对特定空间的观察，获得关于景观小品所在空间的人文、功能、社交等方面的需求数据。

通过“A–E–I–O–U”调研分析法，帮助从人—机—环境的角度，形成关于景观小品服务对象、功能定位、材质工艺，以及经济价值、文化价值等多方面考量。具体来说，从人的角度思考人群特点，包括性别、年龄阶段、文化背景、活动偏好，以及可以开展哪些独立或组团活动等。具备多种功能的景观小品，人是否能够充分且安全使用这些功能等。从机的角度，包括明确景观小品应具备的单一或多种使用功能、景观小品的材料工艺、造型的美观性、舒适性、智慧性、交互性和安全性等。从环境的角度，调研内容包括景观小品直接空间和间接空间的环境业态，这影响到具体场地使用何种类型小品；景观小品与周围环境的协调度和互动性，以及环境生态性和可持续性等。

二、案例分析

以蚌埠市龙子湖区滨水空间调研分析使用“A–E–I–O–U”分析法为例。

蚌埠市龙子湖位于蚌埠市东部，属于城市内湖，面积 1810 公顷，属于夹水型的滨水空间。城市干道龙湖大桥东西向贯穿湖面，将龙子湖划分为南北两个地块，从而，滨水空间在平面上形成了 ABCD 四个区域，如图 9–5 所示。四个区域既相关又独立，需要对四个区域做出定位分析，使用人群需求分析，从而明确景观及其小品的设计方向，让滨水空间成为提供城市服务和休闲娱乐的场所、展现经济活力与居民生活的窗口。

A 区域与 D 区域在龙子湖西侧。A 区域与湖畔酒店等商业空间接触较多，D 区域与居民区紧邻，两区域有路地小径和水上步道连接，由此形成陆地和水上两个层次空间。考察 A 区域周边的商业空间，A 区域定位在观光活动、商业活动场地。该区域的活动人群种类，以朋友组、恋人组、商业组等为主。朋友组可进行烧烤、游戏、团建等活动；恋人组可进行聊天、闲逛等活动；商业组指小商小贩的售卖，以及婚纱摄影等经济活动群体。为此，景观小品的设计方向为：多设置趣味设施、休闲长椅、休憩亭等服务性设施，青年人拍照打卡点、草坪婚礼等相关活动所需的艺术景观。D 区域以展现蚌埠市的精神文化为主，考虑到附近密集的居住区，景观小品的设计方向为：健身相关器材、可以舞蹈的广场、绿道慢行空间，以及公共艺术雕塑等。

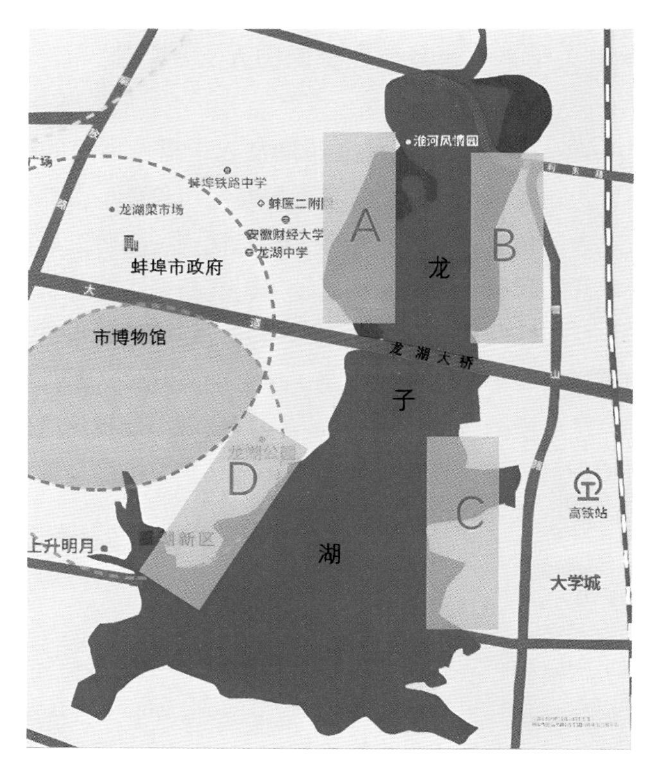

图 9–5　蚌埠龙子湖规划

龙子湖东岸 B 和 C 区域的开发晚于西岸 A 和 D 区域，在功能定位上西岸与东岸存在差异。B 区域承载了展现经济与居民活力窗口的功能，主要活动群体为家庭组：家长—儿童组、家长—家长组、儿童—儿童组。在龙子湖游玩，这三种群组关系有利于亲子关系，有助于孩子与自然、社会、人群之间的接触，培养孩子与大自然、社会、不同群体的交流能力。为此，B 区域空间内容设计为以组织家庭活动为主，可进行野餐、乐高、风筝等活动，可多建设具有互动性、娱乐性的设施，如瞭望台、儿童沙滩、景观迷宫、戏水浅池等。

C 区域总体定位是“九龙汇水，生态南湖”。C 区域场地处于尚未开发的状态，驳岸曲折有致，自然形成了湿地浅滩，是多种水禽鸟类栖息的场所，因此，景观规划可建设以湿地、水系为内容的生态景观。景观建设前期为湿地水质净化、海绵系统构建、生态环境营造等，后期重点建设多元生态体验、滨水活动场地和设施，建设如花镜、绿雕、绿色迷宫、绿植景墙等生态艺术景观，加强湖与人、人与人之间的和谐关系。

蚌埠龙子湖滨水空间，在调研分析过程中，从场地活动（Activity）、环境（Environment）、互动（Interation）、物体（Object）和市民（User）五个方面进行观察分析，获得关于景观小品所在空间的功能、人文、社交等方面的需求数据，从而为深入设计奠定了基础。

小结

调查研究是科学决策的重要依据。通过收集城市第一手资料和数据，对面临的问题进行客观全面地分析形成设计方向，是展开景观艺术设计的必要前提，是提高设计准确性的关键。景观小品的调研从空间需求和使用需求相结合的角度，使用“A–E–I–O–U”分析法展开。调研过程形成人—机—环境三方面内容的调研数据，为方案构思、设计表现做好基础铺垫，这将有助于景观小品方案的科学性，以及设计理念和方案落地实施。

第 10 章
淮河文化影响下的城市居住区景观小品设计

第一节　城市居住区景观概述

一、居住区概念

“居者有其屋”是人类最基本的生存需要之一。《城市居住区规划设计规范》将城市居民生活聚居地按人口规模大小分为居住区、居住小区、居住组团三级，对其相应的建筑用地、规划布局、配套设施等分别加以规定。本章所指的居住区，泛指不同居住人口规模的居住生活聚居地和特指被城市干道或自然分界线所围合，并与居住人口规模相对应，配有一整套较完善的、能满足该区居民物质与文化生活所需的公共服务设施的居住生活聚居地，如图 10–1 所示。

图 10–1　居住区

城市居住区具备以下 5 个基本要素：

（1）有一定地域空间范围，可能具有清晰的地理界限，也可能是模糊的心理边界。

（2）具备一定数量且数量相对稳定的人口，即居住区的主体。

（3）有相对独立的生产生活设施和组织管理体系，其运作主要围绕居民生活需要展开。

（4）有相对一致的社会文化心理，包括居民对所属居住区的地域观念、认同感和归属感。

（5）以满足居住区主体的居住生活为主要功能，并以此区别于根据其它功能组织起来的城市区域（如商业区、工业区、文教区等）。

居住区5个基本要素从空间范围、使用者和环境的角度，对居住区的形式和内容做了简要概括。因此，景观小品设计需要以5个基本要素为依据进行相应设计。

二、居住区景观现状

（一）当前面临的问题

随着中国社会各项事业的快速推进，与经济、人口紧密相关的城市建设也得到快速发展，市民生活环境发生了巨大变化。2000年之后的20年里，中国房地产高速增长，居住区环境在快速发展的同时呈现出自己的特点。

一方面，随着人们收入水平的增加、生活水平不断提高，人们对于美好居住空间的评价指标发生了变化。早期住宅，人们更看重空间的使用面积、房高、房间数量、坚固耐用等居住指标。当代，人们的住房要求从建筑指标延展到室内外空间在文化性、生态性、艺术性、服务性能等方面的居住指标。为占领市场，房地产开发商也更加重视对楼盘环境配套设施的建设，对居住区公共空间景观及小品给予了更多投入。

另一方面，面对蓬勃发展的房地产行业，房地产商为抢占市场先机往往会不同程度的压缩设计经费和施工工期。为追求经济成本和时间效益，往往使用模式化景观设计方案，造成了很多景观小品的雷同现象，例如造型几近相同的廊架等。

（二）景观小品建设方向

首先，居住区景观小品的设计应根据居住区生活特点，建设贴合居民日常生活、以社区康养、散步、健身为重点内容、满足居民美好生活需求的景观小品。

其次，居住区景观小品应注重社区整体功能的完备性。分析居住区人口构成、行为习惯，根据功能分区、主次入口位置，以及景观轴线等合理安排景观小品的种类、数量和位置，形成便利、易达、辐射面广和较为完善的居住区景观小品系统，满足人们的用、住、行以及审美需求，促进居民康养生活在社区中实现闭环。

最后，需要通过景观小品设计满足居民的精神文化需求。人们对于自己的家园往往有着特殊情愫，通过特定内涵的景观小品激发居民归属感和自豪感。一方面，通过打造具有地方文化特色和社区文化特色的景观小品，为居民创造共同的精神文化家园。通过居住区景观小品传递本土文化，引发居民对于历史传统的情感共鸣。另一方面，通过宣传设施教育居民，宣传邻里友爱、互帮互助、尊老爱幼等观念，提升居民素质和社区凝聚力。

总之，居住区景观小品设计要注重居住区环境的宜居建设。充分考虑居住区作用在于休闲生活这一特点，围绕社区生活需要开展硬件设施和人文精神建设，以确保景观小品与社区建设目标相一致。

第二节　淮河文化影响下的城市居住区景观小品案例

淮河文化影响下的居住区，强调居住区环境保持舒适自然的状态，师法自然而高于自然。社区景观以自然的水景作为重点和亮点，围绕水系设计自然植物、休闲设施、建筑小品等，营造出舒适、健康、文明的人居环境。

一、蚌埠市新怡绿洲居住区景观小品

蚌埠市新怡绿洲居住区由蚌埠新奥置业负责开发，被中国文化建筑中心评为 2004 年中国 20 山水名盘。居住区位于蚌埠市禹会区张公山大塘西岸，环境清幽、绿化率高，是山水式人居家园。

作为居住区内的公共艺术应遵循以人为本的理念，主题应表达对人的关爱、对生命的礼赞、对文化的歌颂等内容。新怡绿洲居住区的雕塑《孕育》，是现代抽象风格，如图 10–2 所示。其造型为一支翅膀羽翼保护一圆壳，壳中有三个圆卵。雕塑表达了在父母长辈呵护下新生命诞生的语义，是对父母呵护幼崽成长之恩的赞美，作品寓意贴合居住区人文环境需要。

居住区的廊架是社区居民聚集的地方，如图 10–3 所示，新怡绿洲内的社区文化长廊的廊架与座椅结合，廊柱旁边栽植紫藤，植物铺满廊架顶部形成良好的庇荫交流空间。廊柱柱身悬挂宣传招贴，内容有百里负米、黄香温席等 20 个中华孝义主题典故。社区文化长廊凝聚了社区人群，普及了文化知识宣传了优秀传统文化。

图 10–2　雕塑《孕育》

图 10–3　社区文化长廊

新怡绿洲东边和南边的住户因紧邻张公湖，所以有较好的视野景观，但是院墙隔离，人们并不能亲水戏水。为让居住区更多的住户有临水体验，在居住区中轴线上设计了一条水脉。水脉狭长、浅水慢流。在南北水脉与东西向多条道路交叉点的位置，设计了新中式凉亭、小桥、拱桥、休息座椅等系列设施，这些设施丰富了社区的漫步、休闲体验，示例见图 10–4。

图 10–4 道路设施

新怡绿洲的健身园，是居住区面向全体居民锻炼身体的场所，示例见图 10–5、图 10–6。场地中有适合儿童攀爬的金属网架，网架高度在 1.2 米，即使小朋友攀爬中从最高处摔下来也不会受伤，充分考虑到了儿童身高和体能。居住区较为贴心地考虑到雨天锻炼身体的诉求，将部分健身设施设置在一楼架空层。老年人在这里锻炼身体的时候，也可以观察在健身园中玩耍的孩子。

图 10–5　健身园

图 10–6　游乐设施和健身设施

居住区地面铺装设计包括两项内容，一是对居住区窨井盖、消防栓等地面设施的修饰，二是对地面做铺装纹样设计。新怡绿洲的窨井盖修饰是将井盖伪装为树桩，井盖表面是新怡绿洲中英文名称形成的装饰纹样，从而窨井盖自然地融入了地面花草植物环境中。新怡绿洲的地面除了铺贴广场砖、花岗岩砖以外，游园小径用卵石镶嵌龙、熊猫、蝴蝶、小鸟和蚂蚁等有趣的动物形象，从而使得社区漫步休闲空间充满了生活趣味，示例见图 10–7。

新怡绿洲的服务设施有宣传栏、车棚、照明设施以及背景音箱等。社区宣传栏不仅是张贴日常通知的地方，也是倡导文明生活风尚、健康生活理念的地方。新怡绿洲的宣传栏根据时代发展需要，设置了节约用纸、节约用水、文明养狗等生活行为理念的各类宣传栏，通过文明公约提升社区居民素养。新怡绿洲社区的车棚根据楼群的面积大小选定合宜的尺寸，以满足本栋楼的住户需求。

图 10–7　地面铺装

总的来说，新怡绿洲居住区采用自然式布局，景观小品紧密围绕社区日常生活，从公共艺术到建筑长廊，从健身设施到宣传设施，种类齐全、辐射半径广，较好地满足了社区居民日常生活和精神文化需要，营造了松弛的社区生活环境。

二、蚌埠山水华庭居住区景观小品

山水华庭居住区位于蚌埠市禹会区东海大道南侧。小区容积率为 1.4，建筑密度高于同区域小区，绿化率为 42%，高于本区域 75% 居住区。山水华庭采用自然式山水布局，居住环境非常健康舒适。在居住区主入口设置巨型景石，景石雕刻“山水华庭“字样，起到影壁的作用，用来遮挡住来自门前东海大道的视线。景石下端有出水口，与基座的水池相连，形成山水相依的小环境。水池的外围种植海桐、黄杨等，形成了一个环绕山水的绿化组团，如图 10–8 所示。从居住区主入口进入后，矗立一块高约 3 米的太湖石，石景小品作为整个院内景观的起点，如图 10–9 所示。

图 10–8　主入口外部

图 10–9　主入口内侧

山水华庭居住区规模较大，连接南北主入口形成景观主轴。沿着轴线开挖浅溪，形成蜿蜒的小河。水脉贯穿整个居住区南北，水域面积较宽，水系常年处于有水的状态；溪流驳岸沿着路径做装饰变化，有自然式原石、卵石和深入水体的浅草，并在岸边设置喷水的青蛙等小景，也有形式整齐的贴砖和木平台，如图 10–10 所示。整个驳岸变化有致，漫步其中感受变化丰富、自然闲适的意趣。

图 10–10　水脉与驳岸

山水华庭的建筑主题小品形式多样。沿着中轴水脉建设社区内的平桥和拱桥，以此连通东西方向园路，社区桥如图 10–11 所示。水岸西侧设计了双顶“清风亭”，亭子为新中式风格的六角柱亭，每根柱子立面雕刻一字，六根立柱的字连起来构成谨言“廉一洁一自一律一静一心"，如图 10–12 左图所示；水脉中央位置设计“邻里议事亭”，成为居住区邻居们休闲畅聊的地方，通过社区亭活动引导社区居民生活行为，如图 10–12 右图所示。

图 10–11　社区桥

图 10-12 社区亭

山水华庭的绿化率很高，藤廊、花架、花池和树池随处可见，构成随处可以打卡的植物主题景观小品，示例见图 10-13。居住区内植物种类多，花色、树形和芳香各异，植物花卉都是本地易生长的品种，有龙爪槐、柳树等乔木，有栀子、香樟、桂花、梅花等芳香植物，也有石楠、金边黄杨、红枫、红檵木等色彩植物，所以整个居住区可以保持一年四季有形、色、香各异的生态小品承接不断。

图 10-13 植物小品

山水华庭的休闲设施有居民纳凉休息的小亭子和小型游船，不过游船不对外开放，更多的作用是点景装饰作用，如图 10-14 所示。服务设施包括分类垃圾箱、背景音箱和照明设施等，如图 10-15 所示。居民在整洁、闲适、明亮的社区生活中，获得身心疗愈。

图 10-14　休闲设施

图 10-15　服务设施

第三节　淮河文化主题城市居住区景观小品创新设计

居住区景观小品创新设计过程，是体现生态技术、环境工程技术、人工智能技术等科技知识的共同参与，以审美性、功能性、文化性等融合为特点的创新过程。淮河文化主题居住区景观小品的创新设计，需要紧扣淮河文化特点，思考居住入口、儿童活动区、休闲康养区、健身活动区等不同功能分区的小品创新。

一、居住区入口景观小品

影壁是中国古代宅院入户处的景墙，有屏蔽外部人员直视院内保留隐私，并增加威严和肃静气氛的作用。影壁也是庭院纳气聚能、彰显审美品位的小型建筑物。传承中国传统庭院的设计手法，在现代居住区主入口处设置景墙，形成现代影壁，不仅保持了影壁原有的功用，还可以作为居住区入口回旋的场地，成为人们进大门之前的停歇和活动场所，示例见图 10–16。

图 10–16 居住区入口交互影壁

交互影壁作为入户景墙采用了感应装置。当住户出入门庭时，交互装置感应到有人靠近，景墙前的水池开启喷涌模式，营造欢迎回家的氛围。无人经过时，则自动关闭。入户影壁通过采用感应装置实现自动化喷涌场景，体现节约水资源的环保理念，是绿色设计、可持续发展设计理念在居住区景观设计中的具体应用，入户影壁式景墙的交互原理如图 10–17 所示。

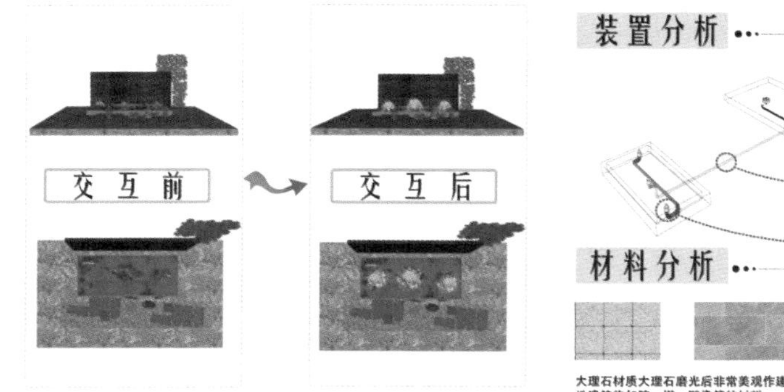

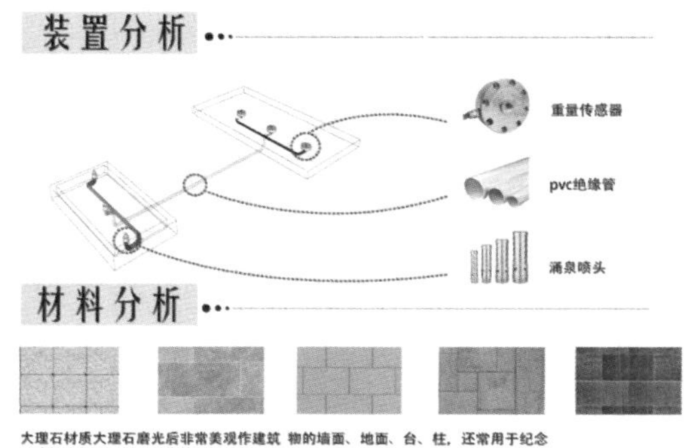

图 10–17 影壁交互对比图

图 10-17　影壁交互对比图（续）

二、儿童活动区景观小品

（一）景观小品《小伙伴》

居住区儿童活动区需要根据儿童的身心特点展开设计。《小伙伴》表现了一群儿童一起快乐嬉戏的场景。儿童奔跑、拍球、坐在地上等体态，表现出一群孩子的天真烂漫。造型的色彩明亮鲜艳，符合幼儿心理喜好，如图 10-18 所示。

图 10-18　儿童设施《小伙伴》

（二）游戏设施《猫儿洞》

儿童时期，孩子们的玩乐设施并不需要特别复杂的结构，一个简单的构筑物就可以成为儿童乐园。儿童游戏设施《猫儿洞》设计了一个可以钻进去的洞穴，钢构框架喷涂渐变蓝色饰面，因为造型在旋转，因此，造型犹如淮河波浪翻滚。

猫儿洞采用方框门，孩子们可以从一个入口进入，另一个出口钻出。方框旋转并置，但保留间隙，以减少洞穴的幽闭感。儿童钻猫儿洞时，因为装置的结构在旋转变化，猫儿洞的内部空间也在逐步变化，从而使钻洞探索时的体验变得一步一变化，饶有趣味。《猫儿洞》创意形成的过程如图 10–19 所示，日景、夜景如图 10–20、图 10–21 所示。

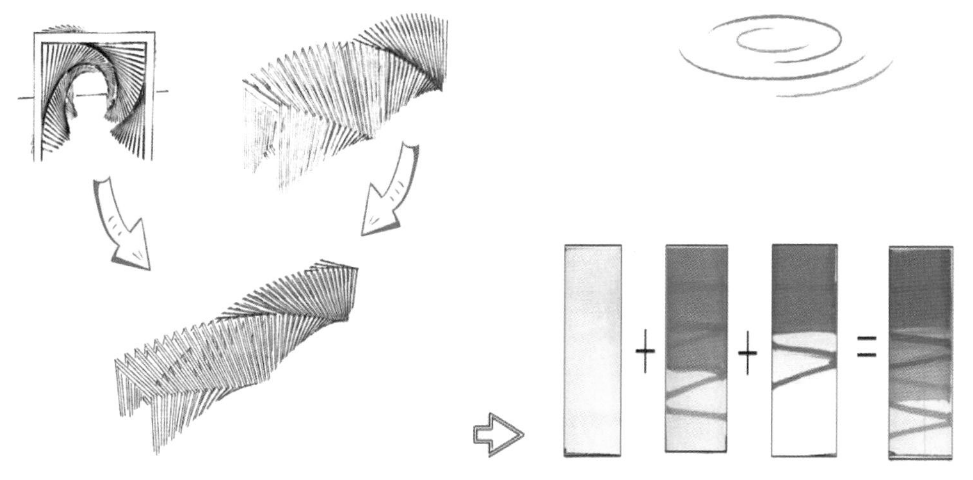

图 10–19 《猫儿洞》创意过程

图 10–20 《猫儿洞》日景

图 10–21 《猫儿洞》夜景

夜晚人们靠近设施时，人体感应灯带会自动亮起，渐变灯光形成层层递增的色彩，给人不同的观感体验，增加了人与空间互动的趣味性。

三、居住休闲区景观小品

（一）景观设施《豆荚亭》

淮河流域盛产豌豆，景观小品设计从豌豆造型获得创意灵感。《豆荚亭》平面造型似拨露出豆珠的豆荚。《豆荚亭》采用仿生设计，体现了基于地脉设计的思想理念，是乡愁情绪的表达。设计同时借鉴太极符号中阴阳互补的形式，两瓣豆荚形成了回环互动的造型状态，传达出生生不息的生命力。作品创意过程如图 10–22 所示。

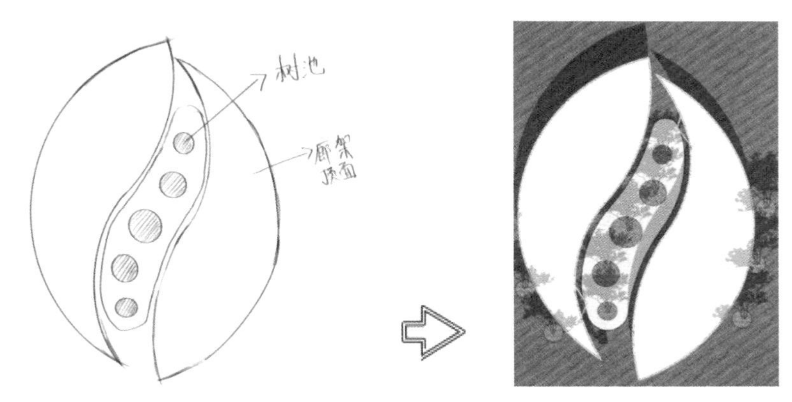

图 10–22 《豆荚亭》创意过程

《豆荚亭》的功能，既可以遮阳挡雨，也可以提供观景、聚会和休息娱乐。亭子中部增加了树池，使亭子两侧和中间都有绿树掩映，使其审美功能之外，又增加了生态功能，如图 10–23、图 10–24 所示。

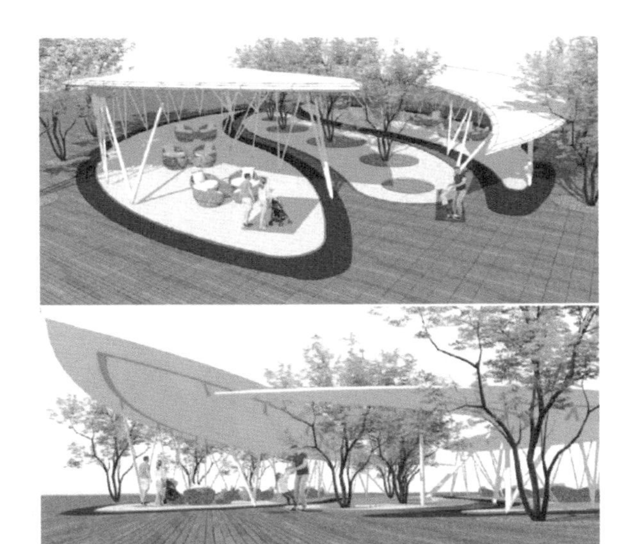

图 10–23 《豆荚亭》局部及细节展示

图 10–24 休闲设施《豆荚亭》全貌

（二）社区旧物改造《Free 空间》

居住区日常生活中，总是在不停的使用消耗各种材料。住宅装修剩余的管材、废弃的家用物品，发挥创意使其成为景观小品的有用之才。作品《Free 空间》，采用居民日常生活中废弃管道制作而成。居住区用户可以根据自己需要，任意抽出其中的若干管道，将其作为座椅、桌子使用。作品创意过程及全貌如图 10–25、图 10–26 所示。

图 10–25 《Free 空间》创意过程

废弃塑料管道集合为一个整体模块，抽出部分可以自由调节成休闲座椅和桌子。该设计的创新点，一方面让生活废旧材料发挥了积极作用，另一方面，艺术装置鼓励社区居民探索该装置的使用方式。

图 10–26 休闲设施《Free 空间》

通过拉伸不同位置的圆管形成各异的造型，探索其作为休闲桌子、椅子以及其他器物的可能性，如拉出垂向管材形成小隔墙、拉出水平向管材做遮雨棚等，从而让公共空间变私人空间等。塑料管材构成的桌椅、隔墙在高度、距离方面，由于可以随意切换，而使得人与人的距离、交谈活动变得多变有趣。《Free 空间》互动性体验把静态单调的空间变成灵动的场所，居民在抽出管材制作适合自己桌椅的过程中体验到“自己动手，丰衣足食”的劳动快乐。该装置按照社区社交需求、使用需求塑造形态，其意义在于让社区人参与到旧物改造中，参与到社区环境塑造。

四、居住区公共艺术设计

（一）公共艺术《淮鸟略波》

早在商代的甲骨文和西周的钟鼎文中“淮”字已经出现。淮河边生存着一种叫“淮”的短尾鸟，故而被认为是“淮水”得名的由来。从淮鸟的羽毛获得灵感，在波浪起伏的水面上，带有透明、轻盈的羽毛的圆弧，代表飞翔的淮鸟，表现了抽象的淮鸟踏浪而飞的情景，如图 10–27、图 10–28 所示。

图 10–27 《淮鸟略波》视图

图 10–28　公共艺术《淮鸟略波》

（二）公共艺术《月夜》

创意作品《月夜》采用不锈钢材质，塑造了月牙升起、祥云微掩的夜空景象，如图 10–29 所示。

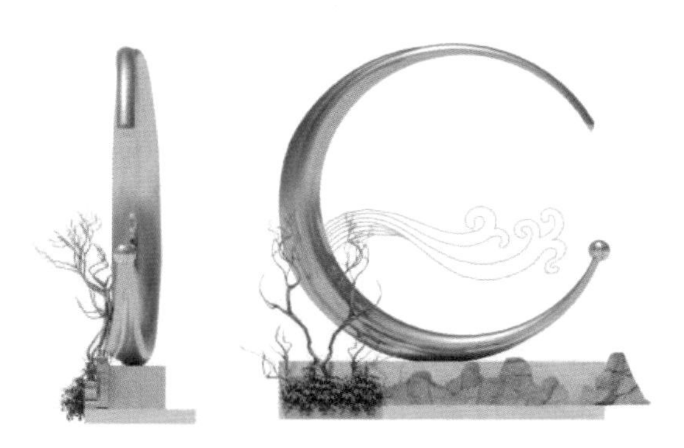

图 10–29 《月夜》视图

作品《月夜》适合放置在社区中的草坪上、景墙前或者水面上，寓意美好吉祥，如图 10–30 所示。

图 10–30 公共艺术《月夜》

（三）公共艺术《轻舟》

淮河作为重要的水运通道，承载着货运交通功能。作品《轻舟》表现了繁忙的淮河水道，来来往往的船只，在不知不觉中已经“轻舟已过万重山”，将货物送到了各地，如图 10–31 所示。

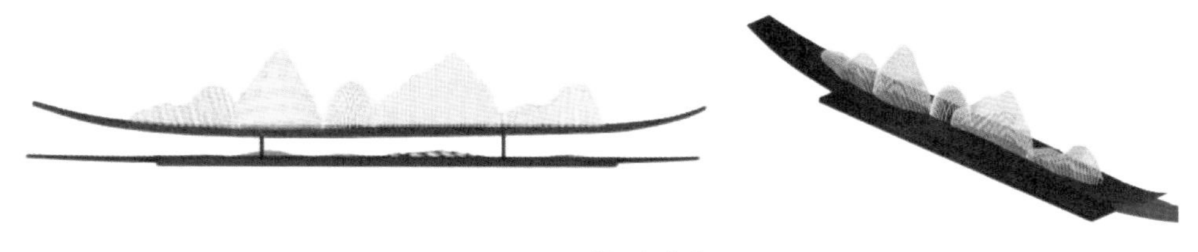

图 10–31 《轻舟》视图

作品《轻舟》将船身造型采用坚硬的金属板，船上物体的造型以金属丝勾勒，形成镂空的山型，又似货物的形象，从而使作品整体呈现上轻下重、稳固的视觉感，如图 10–32 所示。

图 10–32　公共艺术《轻舟》

（四）公共艺术《禅·静》

优美且寓意深刻的公共艺术，是居住区环境的品质保障。淮河流域作为南北交汇地带，禅宗、道教以及佛教文化在此碰撞发展。公共艺术品《禅·静》，以三种不同瓶型构成“和而不同”的禅意主题系列小品。作品以三种宝瓶的形态来反映宗教追求的三种境界。第一境界：落叶满空山，何处寻芳迹。第二境界：空山无人，水流花开。初窥门路，能以平常心修行，但身边有草叶。第三境界：

万古长空，一朝风月。大师境界，无相，世界为“一”。作品创意过程及全貌如图 10–33、图 10–34 所示。

图 10–33 《禅 · 静》创意过程

图 10–34 公共艺术《禅 · 静》

公共艺术品《禅 · 静》，适合置于居住区静态休闲区。三个宝瓶，可与水景配合表现超脱、追求宁静致远的精神境界，也可以与草地、假山片石、草木花镜组团，以中式屏风为背景，形成新中式庭院装饰风格，从而使这个区域成为休闲静观的景观节点。

小结

居住区既是日常生活的社区，也是一个充满艺术气息和文化氛围的场所。淮河文化主题的居住区景观小品创意设计，将现代设计理念与地域文化融合，形成的创新成果不仅体现了艺术、文化和科技对景观小品形式和内容的提升，对美好人居环境的塑造，也是对居民精神世界的塑造。

第 11 章
淮河文化影响下的城市广场景观小品设计

第一节　城市广场景观概述

一、城市广场景观概念

城市广场是适应集会、休闲活动需求形成的城市空间，一般位于城市枢纽位置，是展示城市形象的重要窗口。国内城市广场建设，早期较多关注广场地面硬化和硬质景观的形式，轻视软质景观设计、忽视内涵设计。在现代城市广场的设计中，设计师根据广场功能分类进行更有针对性的专项设计。当前城市广场有市政广场、纪念广场、休闲广场、交通广场四种不同功能类型，可以根据其特点展开景观设计。

市政广场一般紧邻城市政府机构、城市博物馆等城市地标性建筑，可以用于市民集会、城市政治活动等。市政广场通常呈现规则式布局，轴线对称排列，以体现庄严感。与市政广场匹配的是，其周围空间通常几乎没有娱乐场所。城市代表性历史文化融入广场景观设计，有利于城市形象的展现。

纪念广场以反映重大事件和英雄人物为主题，建设有纪念碑、人物雕塑等核心景观。纪念广场旨在以重大题材和人物反映某段历史文化，有让市民了解历史、认同人文意义，达到传承优秀文化的作用。

休闲广场是市民放松嬉戏、休闲健身的空间。设计休闲广场景观时，可以根据不同市民群体需求设置不同的功能分区，减少相互干扰的情况，在满足健身、游乐、社交等功能需求的同时，体现城市的风俗习惯、民俗情趣、活力状态等。

交通广场是具有枢纽意义的出行空间。交通广场周边有调度、换乘的高铁站、客运站、汽运中心等交通枢纽建筑物。交通广场是人员货物的集散地，满足人们出行各项需求。交通广场景观设计需要特别做好人流、车流路线规划，视觉导视系统要清晰明确，照明设施和无障碍设计要细致入微，特别是做好地理位置的标记，以使位置点有别于其他，更易查找和识别。

二、城市广场景观小品设计思路

城市广场景观设计一般采用规则式布局，常对称性处理，运用规整的直线、规则的形式彰显广场的庄重感。城市广场的景观小品设计要围绕适合开展集会活动、烘托氛围展开。

通常广场的硬质铺装在整个广场占有较大比例。为便于市民开展户外活动，地面铺装需使用耐磨性、透水性良好的广场砖。要注意广场草坪和硬质铺装的比值，草坪需是耐践踏的类型，例如狗牙根草坪、地毯草草坪、百慕大草坪等，适合开展草坪活动。适配一定比例的照明设施以保障广场照明均好。照明设施光源要智慧化管理，在寒冷冬季发散暖色光让广场变得温馨，夏季调整为冷光源让人静心，并通过智慧化管理节约电能。

由于城市广场景观一般尺幅较大，景观小品的尺度设计一方面关注与整个广场的比例关系，另一方面是小品与人的比例关系，不能显得过于空旷或逼仄。当单件设施性能较弱时，可采用重复排列、形成群组的方式布局。例如，蚌埠市政广场，18 根双墩符号灯柱分列草坪两侧，银杏、梧桐以树阵方式栽植提升广场气势，如图 11-1 所示。

图 11-1　市政广场双墩文化灯柱

广场上的公共艺术，要符合城市广场定位和文化宣传需要，保持与周边环境的风格协调一致。蚌埠市被誉为“火车拉来的城市”，因此，铁路文化是城市历史文化的体现。蚌埠市政广场，沿东西方向设计了两条体现铁路文化的轴线。一条轴线设计了铁轨，并在轴线上设计了铁路设施景观小品，另一条铁路文化轴线则没有铁轨，而是以广场砖平铺，如图 11–2、图 11–3 所示。

图 11–2　市政广场“铁轨”

图 11–3　市政广场“铁路桥”

第二节　淮河文化影响下的城市广场景观小品案例

作为中华民族五千年文明史的重要组成部分，淮河文化蕴含着丰富的思想内容。体现淮河文化的景观小品，让人获得本源文化亲近感、认同感。淮河文化影响下的城市广场景观小品，通过特色鲜明的文化景观塑造城市文化精神面貌。

一、纪念性广场景观小品

蚌埠市张公山红色主题广场，位于涂山路北、蚌埠市张公湖北岸，是纪念红色文化的主题广场，如图 11–4 所示。红色文化是指我国人民在国家发展过程中积累的先进精神文化和物质文化总和，特别是中国共产党领导下的中国革命和建设过程中形成的革命理论和革命精神。红色文化是中国人民踏实肯干、勤奋拼搏取得的精神成果，体现了中华民族昂扬的奋斗精神、高尚的道德情操和厚重的历史文化底蕴。

图 11-4 张公山红色主题广场入口

张公山红色主题广场，地面铺设广场砖内嵌锈板，如图 11-5 所示。锈板在色彩上与草坪和广场砖形成鲜明对比。锈板上雕刻反映我国优秀思想文化的名言警句，例如，李白“大禹理百川，儿啼不窥家”；孔子“居处恭，执事敬，与人忠”；老子“上善若水，水善利万物而不争”；《文言》“积善之家，必有余庆”。这些经典语录是人们不断求索、砥砺前行的行动指南。

图 11-5 红色主题广场地面铺装

在发展中，蚌埠形成了自己的文化精神和核心价值观。“禹立潮头，会通四海”是蚌埠的城市标语，表达了继承大禹文化精神，以开放的态度谋求发展的城市精神，如图 11-6 所示。在长期的革命斗争中蚌埠涌现出可歌可泣的英雄人物，形成了波澜丰富的红色文化。抗日战争时期，彭雪枫、张爱萍、张震将军在蚌埠创建抗日根据地。解放战争时期，蚌埠是淮海战役南线作战的主战场，孙家圩子是渡江作战的军事指挥中心。红色主题广场设计过程中，梳理蚌埠红色精神谱系形成激励奋进的红色主题雕塑，雕塑正立面雕刻“建党精神”“红船精神”“抗美援朝精神”等文字及浮雕，提醒人们时刻追忆这段革命历史和革命精神，如图 11-7 所示。

图 11-6　红色主题广场城市标语宣传栏

图 11-7　精神谱系雕塑正立面

2000 年以后，我国经历非典疫情、汶川地震、新型冠状病毒感染等一系列重大社会事件，在这些社会事件中医护工作者、抗震救灾英雄做出了巨大的牺牲，表现了无数忘我的精神。红色主题广场的雕塑侧立面镌刻“生命至上抗疫精神”“众志成城抗震抗灾精神”“不负人民，脱贫攻坚精神”等字样及图像，是对新时代奋斗精神的歌颂，如图 11-8 所示。

图 11-8　精神谱系雕塑侧立面

立足当代宣传本地楷模，张公山红色主题广场设置了蚌埠市道德模范林荫长道，如图 11-9 所示。林荫长道的宣传栏，采用红色展板分列而立，形成景观大道。为减少雨水的侵蚀，宣传栏在造型上设计成弧形以保护人物简介部分。城市广场宣传本地“道德模范”“中国好人”，是通过宣传优秀人物事迹，促进形成良好的社会风气。

图 11-9　蚌埠道德模范大道

二、交通广场景观小品

安徽省淮南市寿县，历史上称为“寿春”和“寿阳”。楚国后期迁都至此，《寿县志》:“考烈王元年，此地为春申君黄歇的食邑，始得名为寿春。”，“为春申君寿”，即是“寿春”得名由来，“寿”，即长久之意。在寿县的多次命名中，始终都保留了“寿”字。

紧邻寿县古城的高铁站，其站前广场是进出车站的交通枢纽。高铁候车厅建筑造型为汉阙风格。站前广场景观创意，来源于寿县名称中的“寿”字，既是凸显高铁站的地理位置在寿县，也寓意“交通平安长久”。站前广场中轴上的迎宾雕塑，以小篆“寿”字为核心，从三个不同角度看雕塑，都呈现相同“寿”字造型，如图 11–10 所示。广场灯柱采用汉阙建筑样式，灯柱柱身以印章形式浅刻“寿”字，如图 11–11 所示。

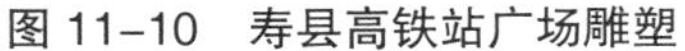

图 11–10　寿县高铁站广场雕塑

图 11–11　寿县高铁站广场灯柱

广场地面采用透水砖通铺，中轴线上镶嵌两列 12 块黄铜板，每一块黄铜板上刻有一个“寿”，采用篆、隶、草、行、楷等不同书法风格，充分展现了中国书法艺术魅力，如图 11–12 所示。

寿县作为安徽省首批国家级历史文化名城，被评为“中国书法文化之乡”。寿县高铁站站前交通广场，在雕塑、灯柱、地面铺装、浮雕多种形式上，展示不同书体的“寿”，是城市文化的体现，也是寿县城市地理位置信息的强化，对于交通类型的城市广场是非常重要的。

图 11-12 高铁站站前广场地面硬质铺装

第三节 淮河文化主题城市广场景观小品创新设计

一、市政广场景观小品创新设计

（一）公共艺术《廉政门》

市政广场的景观小品适合主旋律、正文风、廉洁自律相关主题的公共艺术和设施。公共艺术品《廉政门》以门的造型寓意守住底线，莫入牢门。市政广场开展集会活动，雕塑起到向人们宣传警示，加强廉洁自律意识的教育作用，如图 11-13 所示。

（二）公共艺术《明镜台》

以铜镜为鉴，可以正衣冠。《明镜台》以铜镜为创意来源，表达廉洁自律的寓意，如图 11-14 所示。

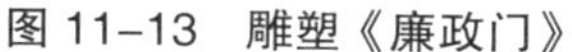

图 11-13　雕塑《廉政门》

图 11-14　雕塑《明镜台》

二、城市休闲广场景观小品创新设计

（一）植物主题小品《牵牛花亭》

牵牛花是淮河流域本土花卉，在淮河两岸的广袤田野生命力旺盛。设计选取本土植物，亭子顶部是花瓣造型，支柱是花茎形式，并在花茎底部演化出休息座椅，从而使亭子很好地呈现出一体化的整体感，如图 11-15 所示。

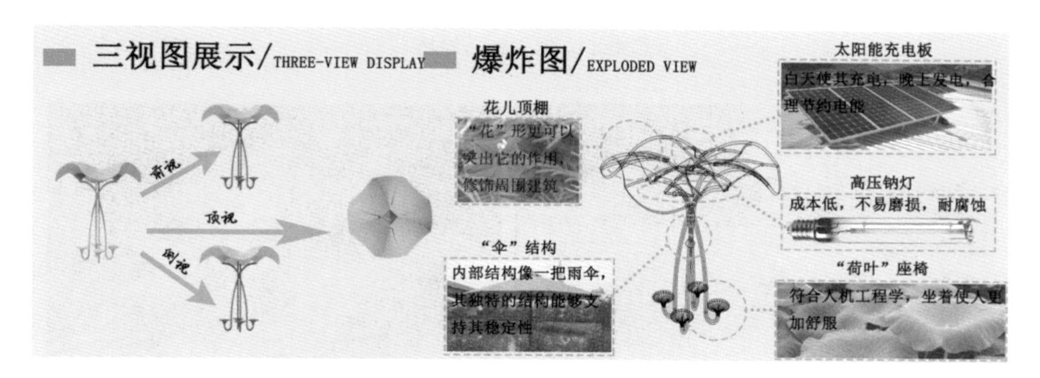

图 11-15 《牵牛花亭》创意分析

《牵牛花亭》具备休息、避雨、照明和观赏风景多种功能，休闲广场上设置不同颜色的牵牛花亭，如同盛开的朵朵繁花，如图 11-16、图 11-17 所示。

（二）地方非遗文化主题小品《淮河柳编装置系列》

柳编是我国古老的民间传统手工技艺。由于柳编使用的材料是具有一定柔性且坚韧的藤茎，这类植物通常长在低洼潮湿地质中，淮河流域广袤的水域适合这类植物的生长，从而淮河流域成了柳编产品重要生产地。在重要的民俗节日，淮河两岸先民以柳条编扎龙凤造型求福。传统的柳编产品是笆斗、簸箕等生产生活用品，近年来，柳编产品的创新基本停留在柳编包、柳编室内家具和小件装饰品。以淮河柳编非遗为创新内容，将其使用范围扩大到城市空间，则形成了别具一格的柳编景观艺术，这是一类新型公共艺术形式。

图 11–16 牵牛花亭

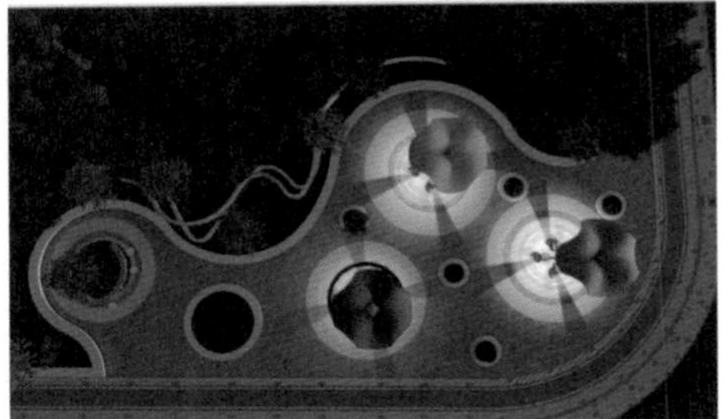

图 11–17 花亭日景与夜景效果

1. 柳编亭

柳编编织做工精细，经过理材、编织、着色、煊染多道工艺流程纯手工编制，最终形成密实、流畅而坚挺的各类器物造型。其中，“经编”“立编”是淮河两岸匠人在编织过程中独创的手工艺。发挥柳编的工艺特点，特别是淮河柳编的独特工艺，将其与景观小品功用结合，可以创意出区别于家用器物类柳编的大型景观设施。《柳编亭》创意过程如图 11–18、图 11–19 所示。

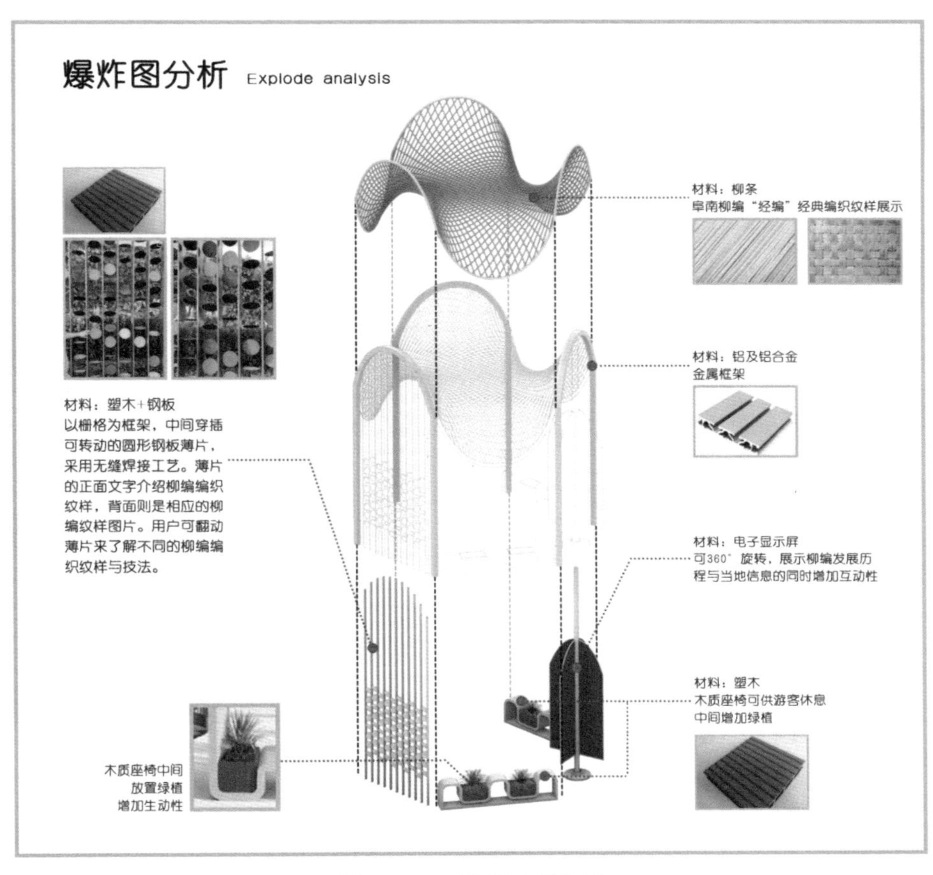

图 11-18　柳编亭爆炸图

图 11-19　柳编亭

2. 柳编迷宫

柳编材料编织成片状进行纵向穿插，可以形成折叠空间。人从空间中穿行，犹如走迷宫，如图 11–20、图 11–21 所示。

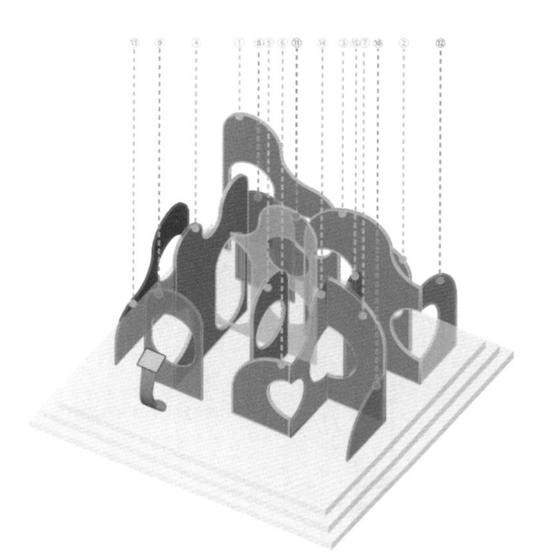

图 11–20　柳编迷宫功能分析

图 11–21　柳编迷宫

3. 柳编景墙

柳编材料柔软有韧性，可编织出起伏变化的面，且编织后的面片具有较强支撑力。密织的柳编面与杆径、枝条等进行交错镂空编，可以形成有实有虚的面片。将这种面开设出门洞和窗户，可以形成趣味景观墙，如图 11–22、图 11–23 所示。

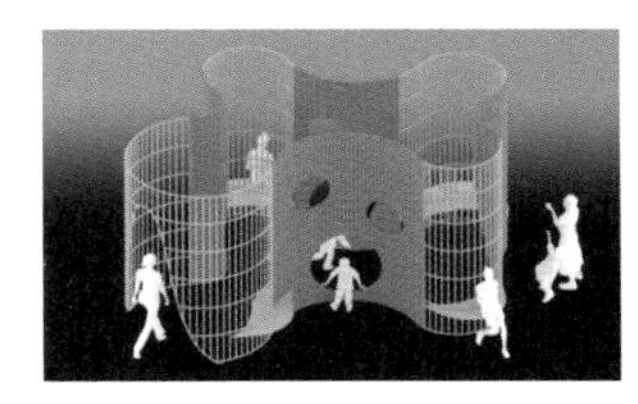  

图 11-22 柳编景墙功能分析

图 11-23 柳编景墙

小结

城市广场作为城市集会、休闲空间有其自身的特殊性，在城市开放空间中有着重要的社会价值。淮河文化主题的城市广场景观小品创新设计，需要根据市政广场、纪念广场、休闲广场和交通广场的不同特征进行创新，紧密结合淮河文化的地脉、史脉和文脉特色，形成展示城市社会文化和人文精神的现代景观艺术。

第 12 章
淮河文化影响下的城市商业街景观小品设计

第一节　城市商业街景观概述

一、城市商业街景观概念

中国现代商业街通常起源于旧货市场和小商品批发市场，随着中国城市经济的发展，人们消费习惯的改变，在现代城市规划理念的影响下发展为具有特色的商业聚集地。现代商业街除了购物，还集合了餐饮、娱乐、文化体验等多种功能，成为城市休闲娱乐的中心。现代商业街区是城市生活的基础空间细胞，是城市运转、城市发展的基础。

《说文解字》:“街，四通道也”，即“街”是在纵横两个方向都向外延伸的道路。古代城市主道路被称为“街”，例如，西安的朱雀大街、杭州的南宋御街和河坊街、北京城的前门大街和长安街、宋代苏州城的卧龙街等。早期中国的街区景观空间是居住空间、消费空间、生产空间的复合场域。现代城市街道在城市保护更新理念下，出现了专属的街区功能，例如，历史文化商业街，这类商业街景观建设街更加注重将历史文化与商业消费心理结合。

不同商业业态的商业街需采取相应的交通出行方式，即步行或人车混行。当代城市商业街景观建设除了助力实现商业街区的经济价值，也非常重视挖掘地域文化和特色文化，打造城市商业文化名片，例如，成都太古里、上海田子坊、南京 1912 街区等。商业街功能类型和出行方式如表 12-1、表 12-2 所示。

表 12-1　商业街功能类型

类型	特点
综合购物商业街	有丰富的商业店铺，包含服装、娱乐、美食内容等多项商品。例如万达商业街。
历史文化商业街	具有较为悠久的历史底蕴，体现城市文化特色。例如苏州平江路步行街。
现代商业街	以现代风格建设商业建筑和装修店面，街道设施、艺术景观等体现现代设计理念和审美方向。
专题商业街	以某种专门主题确立的街区，例如艺术主题街、美食主题街、动漫主题街和电影商业街等。

表 12-2　商业街交通出行方式

类型	特点
步行街	整个商业街区完全禁止车辆通行，以保障人们散步、慢行的需求。
人车混行商业街	人车混行商业街首先需考虑交通安全问题。尽管总体规划上是人车混行，却并非杂乱无序，交通流线设计一般按照街区外围、中轴线或者局部区域设置车行道。

二、城市商业街景观小品设计思路

商业街区是以满足商务活动需求、获得盈利为目的，提供服装、餐饮、服务等功能，多功能、多业种和多业态组成的综合体。从城市规划的空间要素视角，商业街区通常包含一个或者几个街道，是具有一定组织规模的商业组合形式。城市商业街由建筑、店铺和街巷组成多变狭长的空间，其景观小品设计需要沿线性空间灵活处理做好统筹。

人车混行商业街需要设置明显的交通指示牌，引导车辆绕行或减速，尽可能实行人车分流，减少行人与车辆的交通冲突。步行商业街强调为市民提供舒适的步行环境，愉悦的购物体验。商业街设置盲道、无障碍通道以做好引导，确保行人安全，防止节假日人员拥挤踩踏事件发生。

城市商业街的夜间商业活动也很繁荣，夜景灯光是该区域景观的一大亮点。照明设施在烘托商业氛围的同时，确保步行环境明亮。造型优美的路灯造型，增加夜间的视觉效果，可以更好地招徕消费者。商业街空间寸土寸金，考虑到节约空间，以及消费者购物过程中的多重使用需求，将照明设施、座椅、花池、树池等相结合的景观小品更有性价比。商业街两边的店铺建筑可与地方文化结合，成为展示城市文化的窗口。

城市商业街店铺林立，店面装修的相似，会让人迷失方位，因此，商业街指示牌的作用显得尤为重要。全景图、导览图、方向指示标识等功能型景观设施，需间隔一段距离设置一处，保证方位引导的持续性。商业街的入口、出口，以及道路交叉口，可以根据空间大小适当设置小型喷泉或雕塑等艺术装置，表达城市商业精神。如上海南京路步行街的入口，是一匹奋力拼搏的牛，这些标志性景观艺术是上海商业精神的体现，也是人们识别方位的图像依据。

总之，根据城市商业街具体类型，设计满足商业功能需求的景观小品，创造安全、舒适、便利的购物环境以吸引消费者停留，从而促进城市商业繁荣发展。

第二节　淮河文化影响下的城市商业街景观小品案例

一、合肥罍街景观小品

合肥市罍街位于宁国南路与水阳江路交叉点，采用人车分流的交通方式，是集文化、购物、休闲、美食于一体的商业街。罍是我国古代淮河流域常用的酒器和礼器，流行于商代晚期至春秋中期。淮河流域从古至今盛行饮酒文化，曹操对酒当歌、刘伶醉酒都是当地饮酒文化的体现，是淮河人们热情奔放的性格展现。

2008 年，淮河流域城市蚌埠出土春秋时期龙耳罍，2013 年以淮河民俗文化为表现内容建设了合肥罍街，形成康养文化主题的商业街区。

罍街北入口广场矗立等比例放大的龙耳罍，周边承托雕塑的花坛池壁，刻有甲骨文、金文、篆书、隶书、行楷等不同书体的“罍”字，构成“百罍图”，如图 12-1 所示。罍街南入口的现代雕塑“金罍”根据龙耳罍变形而来，保持了罍瓶基本形状特征。金罍由 12 个龙形构件组成，代表天干地支以及十二生肖，有包罗万象之意。金罍与龙耳罍在商业街的南北遥相呼应，两个雕塑也表明了商业街南北起始地标位置，同时，表明了商业街的饮食文化主题定位和历史文化街区性质，如图 12-2 所示。

图 12-1　罍街龙耳罍

图 12-2 罍街金罍

罍街南北向有两条主要街道，形成了四个重要入口。入口是树立商业街形象的重要场所，罍街的四个入口通过建筑主题小品体现地方建筑特色和民居风格，从而为整个商业街风格定下基调，如图 12-3、图 12-4 所示。

图 12-3 罍街主入口

图 12–4　罍街入口处建筑小品

城市特色美食和养生知识是康养文化主题景观的重点内容。作为康养主题的景观小品，一方面要再现传统生活方式，另一方面要宣传健康生活理念罍街中的康养主题小品示例见图 12–5。“咋罍子”是淮河流域民间饮酒方式，是豪放性格的表现。雕塑“咋罍子”呈现了双人对坐饮酒的场景，是对地方风俗的展现。小龙虾是淮河流域特色美食，沿淮各地常有“龙虾节”美食节，可见龙虾美食之盛。卡通主题的龙虾、鸡蛋、汤包和笼屉，借以表现地方日常生活。罍街沿街的廊架柱子、灯柱上镶嵌着“蔬菜巧搭配”等康养生活小常识，普及健康生活理念。

图 12–5　康养主题小品

借助墙面做装饰是经济节约的一种景观设计方法。商业街店铺墙面镶嵌地方日常生活用品粗瓷大碗、匾子、箩筐、簸箕等，这些器物是淮河流域居民制作美食必不可少的工具，体现了淮河饮食风俗习惯。通过饮食工具器物巧妙设计组景，呼应街区生活美食主题，示例见图 12–6。

图 12–6 景墙设计

寻常人家的烟火气离不开各类人物和生活器具的塑造。罍街人物小品有炫耀糖葫芦的小孩、卖吃食的摊主等，营造了轻松快乐的街巷生活氛围，示例见图 12–7。

图 12–7 罍街生活场景

以龙耳罍为原型进行卡通形象设计，形成罍街的 IP 形象，以迎合年轻人心理，吸引年轻人打卡，如图 12-8 所示。

图 12-8　现代雕塑

中国风俗文化中地方语言，是最为丰富且充满趣味的。各个城市都有自己的方言，甚至村与村之间都可能存在口音差异。宣传方言、理解方言是展现地方文化的体现，如图 12-9 所示，呈现的是合肥地方方言。

图 12-9　风俗语言

罍街的商业街店铺多以灰砖、红砖饰面，质朴亲切。商业街地面材料为花岗岩、砖石、卵石等。地面铺装有几何纹、叶纹、吉祥语和合肥发展历程中的老城图，展示了地方历史和民风民俗。罍街巧妙利用街区空地设置地面射灯，以增加商业街夜生活氛围，示例见图 12-10。

图 12-10　曡街铺装

二、合肥淮河路步行街景观小品

淮河路步行街位于合肥市庐阳区逍遥津街道，东起合肥环城路，西至宿州路，属于综合类型的商业街区。淮河路步行街总体格局为一轴三区十八巷，步行街主街是以商业购物为主的现代时尚风格，后街是美食休闲为主的传统风格。淮河路步行街主入口区域，矗立云南五彩石制作的石碑。正面刻有“淮河路——中国著名商业街”，背面是淮河路步行街简介如图 12-11 左图所示。石碑紧邻水景池，水景池按照无边水岸设计。池子高 1 米，顶面微微下凹，水波纹形凹槽布满顶部作为出水口，水满则水从顶部溢出，沿池壁流淌进入地面排水槽后融汇城市雨水管网，如图 12-11 右图所示。

图 12-11　主入口区域石碑及水景池

作为商业街区最为重要的是确定空间交通流线，按照人车混行或者步行方式做好规划。淮河路步行街为了实现良好安全的步行环境，在步行街路口设置各种样式路障，确保步行街区空间无车辆进入保持安全性，示例见图 12–12。

图 12–12　淮河路步行街路障

淮河路步行街主街为现代风格，沿主街中轴布置了体现现代都市生活的雕塑，如图 12–13 所示。

商业街作为公共空间需为包括残疾人在内的全体城市居民服务，因此，商业街要做好无障碍设施、盲道等建设。淮河路步行街的人性化设计，不仅停留在道路边缘设有常规砖石盲道，还在交叉路口的地面用金属制作盲文，保障了盲人出行安全，同时，金属盲文也成为地面富有时尚感的装饰。作为人流密集区，淮河路街区做好交通引导，将指示牌放置在重要节点位置，示例见图 12–14。

淮河路步行街的主街，间隔 5~10 米设置休闲座椅、垃圾桶和路灯，保障消费者处于明亮、干净且可以自由休憩的舒适购物空间，示例见图 12–15。创意座椅将座位与树池结合，传统座椅与太阳能座椅间隔穿插放置，保障消费者可以及时充电、放松休息。

图 12-13 淮河路商业街小品

图 12-14 商业街导视系统

图 12-15　淮河路步行街休闲座椅

图 12-16　淮河路步行街墙面

商业街寸土寸金，建筑外立面是进行商业宣传的优质媒介。墙面装饰与宣传栏做好面、线结构的衔接，形成色彩、图形或线条有机自然组合，则可以一景多用，获得商业宣传和艺术审美双重效益。淮河路步行街入口墙面设计，如图 12-16 所示。

淮河路步行街后街是以餐饮为主要服务内容的空间，街区采用了中式风格。商业街店铺整体风格怀旧，店铺有体现古老当铺文化的“德成当”；地面在路口处镶嵌反映古代商业文化的铜质铺装；商家店前设置有朱雀、玄武、青龙、白虎的装饰柱等，均是对传统中式文化氛围的营造，如图 12-17 所示。

图 12-17　后街传统风貌

尽管后街整体是怀旧风格，但以卡通形式去表达并不影响街巷风格的一致性。例如街道路边的“庐小胖”，是一位守卫庐州安全的小卫士，他手持武器而憨态可掬，如图 12-18 所示。

图 12-18　淮河路商业街后街庐小胖

淮河路步行街使用传统材料做树池、花池，体现了绿色发展理念。旧瓦片、青砖等组合使用，曾经的废弃材料在这里作为特色物件发挥作用；陶土大缸、石窠直接做花盆，既是怀旧风格的表现，也是绿色设计理念的运用，如图 12–19 所示。

图 12–19　淮河路步行街绿化

第三节　淮河文化主题城市商业街景观小品创新设计

一、商业街休闲设施创新设计

现代商业街在适当的位置添加遮阳蔽日的休息亭和座椅是非常必要的。《蚌珠亭》以蚌壳和蚌珠的圆形为基础，创意过程探索圆、半圆、圆弧、扇形不同组合方式，形成亭子的顶部、门洞、草坪、硬质铺装以及树池。在亭子中间栽植乔木，为商业街增添舒适空间。《蚌珠亭》适用于现代风格商业街的街巷交叉口，方便各个方向消费者出入休息，如图 12–20、图 12–21 所示。

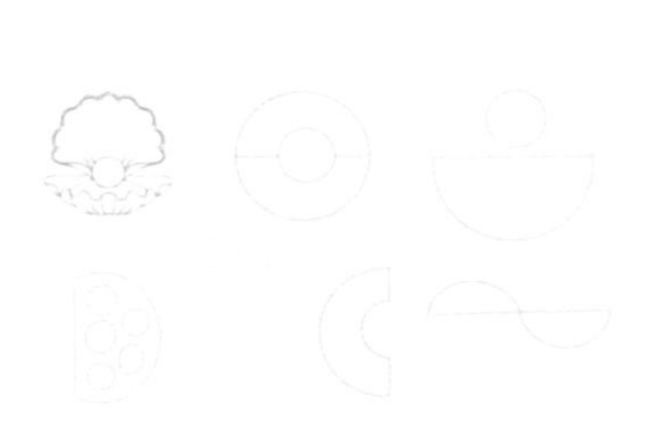

图 12–20 《蚌珠亭》创意过程

图 12-21 蚌珠亭全貌

二、商业街宣传设施创新设计

为配合商家张贴海报、宣传商品，商业街需要设置广告宣传栏。宣传栏需设置不同功能板块，方便更换。《蜂巢》广告栏，以蜂巢六边形为宣传版块和地台造型，立面和地台在结构上连为一体，两者形成的折角空间可以摆放商业样品。《蜂巢》广告栏，可以根据需要在立面板材上增加或减少基础单元，从而方便不同主题的商业海报及时更换，或者小型电子屏安装在蜂巢内，方便不同品牌同时展开电子屏宣传，如图 12-22 所示。

三、商业街导视系统创新设计

商业街形成合理的人流路线，消费者快速的找到目标商店，离不开导视系统。根据商业街的性质，是综合购物街区、现代商业街还是历史文化商业街等不同情况，对导视系统采用现代或传统设计风格。《药文化街》导视系统，采用传统风格设计，石材和防腐木的结合古朴、典雅，如图 12-23、图 12-24 所示。

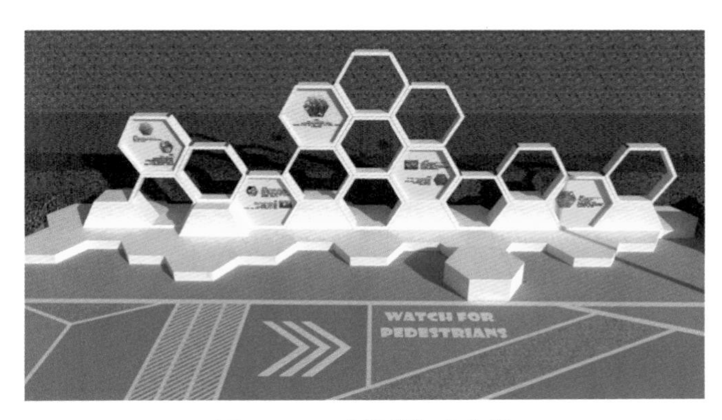

图 12-22 《蜂巢》广告栏

图 12–23　药街入口形象墙

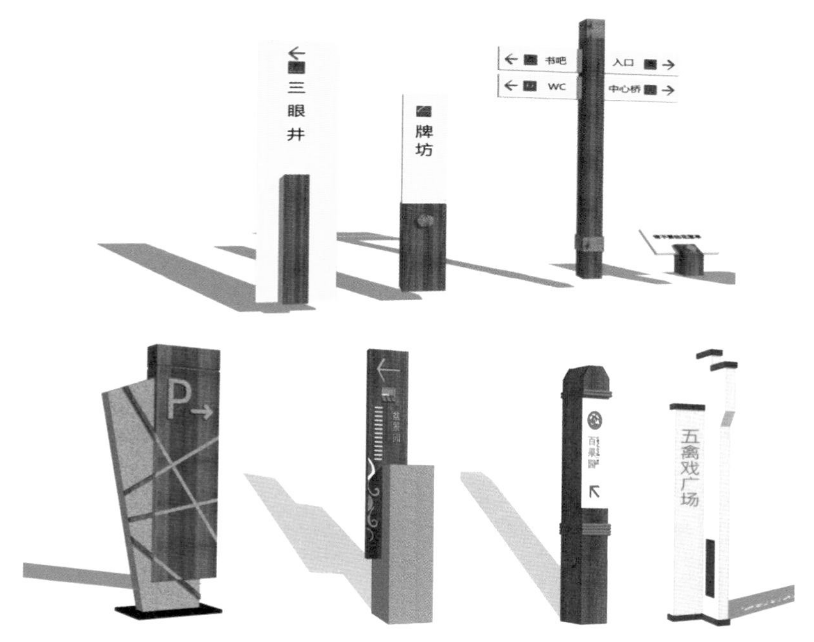

图 12–24　药街导视系统

四、商业街公共艺术创新设计

中国传统文化中水是财气的象征，鱼儿多代表财富旺盛。以水和鱼作为表现题材和商业街的文化氛围相契合。淮河作为母亲河滋养了大地哺育了两岸人民。景观小品《水满鱼肥》，表现了河水养肥了鱼儿，鱼儿浮出、跃出水面的场景。作品寓意既是表达财运旺盛，对商业主题做回应，也是淮河地理特色的体现，如图 12–25 所示。

图 12-25　景观小品《水满鱼肥》

小结

商业街是体现城市经济活力的重要场所，能够满足人民群众日益增长的物质生活需求。商业街在实现消费购物、娱乐等基本功能需求的情况下，可以更多地关注商业空间的舒适性、艺术性和文化性等，以提升商业空间的附加值。淮河流域城市以淮河文化为立足点，对商业街公共艺术和公共设施进行创新创意，提升商业吸引力，促进商业功能完善和增加商业附加值。淮河地域文化融入商业生态环境，实现传统与现代、商业与艺术相结合，有助于促进城市经济文化的协调发展。

第 13 章
淮河文化影响下的城市公园景观小品设计

第一节　城市公园景观概述

一、城市公园景观概念

早在公元前，人类已经开始造园活动，而现代意义的、面向普通民众免费开放的公园在近两百年才逐步发展起来。1843 年，英国利物浦第一个面向普通大众免费的公园伯肯海德公园，是世界上第一个现代意义的城市公园。城市公园为市民提供自然游憩的环境，包含动物园、植物园、主题公园以及综合公园。新中国成立以来，国家非常注重城市公园建设，不断丰富完善城市公园建设的法律法规。国务院颁布的行政法规，如《城市绿化条例》，由住建部颁布的行政规章，如《古树名木保护管理办法》《公园设计规范》，以及地方性法规，如《南京市公园管理条例》等，都对公园建设进行了详细规定，为更好地发展城市公共空间环境提供了法律依据。根据我国《城市绿地规划标准 GB/T 51346–2019》，城市需建立由城市各级各类公园合理配置的，满足市民多层级、多类型休闲游览需求的公园体系。

城市公园是城市中的开放园林空间，以休闲为主要功能，绿地占有绝对比例。城市公园除了具有树木草坪花卉构成的自然景观供人欣赏，还担负着城市绿肺、防灾减灾等重要功能，是城市建设用地和城市市政公共服务的重要内容，是体现城市整体规划、居民生活质量的重要指标，示例见图 13–1。

图 13–1　城市公园

公园作为城市的重要开放空间，居民户外活动的首选地，承担着为市民提供户外活动和交流场地的责任，不仅是城市居民的休闲放松活动场所，也是城市文化传播地。城市公园确立景观文化主题，在彰显、利用自然生态的同时，宣传城市人文资源，传播城市文化。景观设计师通过在城市公园中展开文化叙事、文化形象塑造，可以增强城市空间的文化氛围，塑造城市文化名片。

二、城市公园景观小品设计思路

城市公园景观设计，在宏观上应与所在城市总体规划和绿地系统规划保持一致。公园的主入口位置、道路尺寸，应与城市交通和游人走向、流量匹配。在进行公园设计时，应合理设计游客集散场地和辅助停车设施。公园沿街景观和入口造型应与该地段城市风貌相协调。园路系统能够顺畅链接各类景观小品所在位置。根据公园的不同用途，从休闲娱乐、运动健身、文化交流等需求出发合理划分功能区域，如儿童游乐区、运动区、文化展示区、康养保健区等，根据区域功能设计对应类型的景观小品。

在微观上，城市公园坚持场地生态优先、文化融入的设计理念。生态优先是指充分考虑公园的生态环境，形成乔灌藤草各类植物群落和花镜的塑造，注重植物多样性和季相变化，发挥其审美和生态效益。城市公园利用城市原有地形加以改造，增加空间层次。公园有水系环抱、水体穿过时，要加强水景设计。合理利用水体优势，设计静水湖、喷泉、小溪等多种水景形式，增加汀步、曲桥、亭廊、轩、舫等水上设施，提升游园趣味。城市公园的文化融入，一方面依托景观小品展现城市丰富的地域文化，另一方面利用现代设计理念创新文化表达。根据城市历史文化多种内容，结合场地条件建设文化场景。以直接或间接的方式进行文化表达，将道德观念、历史文化常识、人文素养等直接展示、或隐喻在公园景观小品中。

由于城市公园面积普遍较大，日常各类景观小品养护工作任务较重，因此，景观设计要关注城市公园的可持续性设计。可持续性设计包括采用太阳能照明、雨水收集系统、节水灌溉系统和地热可再生能源技术，尽可能使用本土材料、环保可回收的材料等。通过上述措施建立长期的维护和管理机制，便于景观小品后期维护，保证公园的可持续使用。

总之，城市公园景观规划及其小品设计，要综合考虑公园景观的功能性、美观性、生态可持续性以及文化性等诸多因素，从而形成高质量创新方案。

第二节　淮河文化影响下的城市公园景观小品案例

一、蚌埠张公山公园景观小品

蚌埠市张公山公园位于蚌埠市西部，总面积 72 公顷，由张公山、张公湖和张公岛组成。张公岛位于张公湖中东部，现已建设为廉政主题文化园。公园山水相依，植被葱茏，景色秀丽。张公山公园景观小品设计，紧扣蚌埠市所在地的淮河文化，基于淮河文化的地脉、文脉和史脉展开叙事，注重对本地文化元素的选择。

蚌埠淮水养珠历史悠久，盛产珍珠故而得“珠城”美称。张公山公园主入口矗立高 26 米的“珍珠女”雕塑，呼应蚌埠的“珠城”美誉（图见第 8 章第二节图 8–2）。同样表现蚌珠文化的景观小品出现在张公岛西岸，河蚌内壁镌刻毛主席“为人重在廉，做人重在诚”等语录，和张公岛廉政文化主题相一致，蚌珠形象的景观小品，是城市地脉文化的创新表达，如图 13–2 所示。

图 13-2　蚌珠语录

张公岛廉政主题文化园，从英雄人物、风土人情、伦理道德等多角度展开地方文化叙事，体现淮河两岸人民的思想价值和精神追求。文化园选取了当地广为流传的爱国敬业、廉政为民的大禹、朱元璋、沈浩等古今人物故事，塑造人物形象、宣传人物精神，达到教化民众的效果。

上古时期，大禹治水来到淮河流域，通过劈荆导淮等举措治理好水患，留下了英勇治淮、勤政治国的故事。张公岛廉政文化主题园的东入口直通“禹听五音”主题广场，该主题广场围绕大禹雕像设计了鼓钟铎磬鞀五音乐器、廊架、弧形座椅，从而形成了表演和交流的台地空间，如图 13-3 所示。“禹听五音”讲述的是禹治水成而登帝位，为便于听谏治国，在住地附近设置了五种乐器，让来访老百姓敲击使用。传道的人击鼓，谕义的人敲钟，告事的人振铎，讲忧虑的人敲磬，有冤狱诉讼的人摇鞀。禹王听五音治国，垂范天下。

图 13-3　禹听五音广场

图 13-3　禹听五音广场（续）

进入张公岛沿着“禹听五音”广场东西方向的景观轴线，设计了以表现大禹治水为主题的两块浮雕。浮雕一南一北对称放置，主题分别为“变泽国为桑田”和“下禁酒令”，如图 13-4、图 13-5 所示。

图 13-4　“变泽国为桑田”浮雕

图 13-5　“下禁酒令”浮雕

“大禹三过家门而不入”是脍炙人口的典故，歌颂大禹励精图治、公而忘私的美德。文化园中部区域的“三过家门不入”雕塑，塑造了大禹和妻儿不舍别离的场景，如图 13-6 所示。

明代建国后，社会日渐安定繁盛，随之而来的是各种贪腐昏聩的事情增多。朱元璋为了肃清不良事件，在教育官员和亲属的过程中，身体力行倡导节约、廉洁自律，留下了“四菜一汤”“逍遥楼中囚赌徒”“下令毁金床”等典故。张公山廉政文化园以此为内容的小品，如图 13-7 所示。

图 13-6　雕塑“三过家门而不入”

图 13-7　朱元璋廉政治国

中国汉字一到十的繁体写法“壹、贰、叁、肆、伍、陆、柒、捌、玖、拾”，是明代才出现的。朱元璋为了堵住腐败漏洞发明了繁体字，并在财务上一直沿用至今。廉政园繁体数字广场如图 13-8 所示。

朱元璋提醒官员“井水虽不满溢，但可天天汲取，用之不尽”，即官员要本分当官、守着应得俸禄过日子，这就是著名的“井水论”。“井水论”不止适用于古代，也适用于当代，提醒每个人时刻保持谦虚廉洁。张公山廉政园相关的小品如图 13-9 所示。

图 13-8　繁体数字广场

图 13-9　朱元璋“井水论”

反腐倡廉思想不仅体现在古代国家治理中，更是当代中国共产党员追求的目标。张公岛文化园，其现代廉政文化区以共产党员焦裕禄、凤阳小岗村书记沈浩为代表，传递党员精神追求，如图 13-10 所示。现代几何造型的雕塑，四个立面呈现凹凸起伏变化，镌刻人物头像，或镌刻党章箴言，表达共产党人对廉洁、节俭、公正、无私精神的自我要求。

图 13-10　优秀党员雕塑

张公岛的照明设施紧扣廉政主题。公园灯柱上雕刻“重操守，少臆断”“安思危，名为轻”“和共济，行为公”等警句。文字部分白天显示为金色，夜晚灯光从文字投射出来，照亮了周边区域，也体现了全天候宣传廉政文化的效用，如图 13-11 所示。

图 13-11　路灯

在现代社会中，廉洁是重要的品质。在自然界中，一些植物因其特殊的品质被视为廉洁的象征。代表廉洁的植物有莲花、竹子、白玉兰、白菊、白杨、梅花和兰花等。

图 13-12　荷花雕塑

张公岛东南区，以防腐木铺装形成一个环形步道，步道的环形中心位置设计了一组金属荷花雕塑，寓意高洁的品格，如图 13-12 所示。

作为现代城市公园，张公岛也是市民锻炼身体的场地。张公岛设有环岛步道，供人跑步锻炼。健身设施集中在张公岛中部和南部区域。张公山公园的健身设施在提供健身服务的同时，也为人们提供了日常社交场所，如图 13-13 所示。

总之，张公山公园一方面作为文化空间，设计社会生活中的自我约束、勤奋拼搏和廉洁自律的系列景观，以景寓意、抚古鉴今，发挥启迪教育的作用；另一方面，作为现代公共休闲场所，关注各类型人群的使用需求，是文化意义和康养意义都非常突出的现代化公园。

图 13-13　健身设施

二、蚌埠龙子湖公园景观小品

龙子湖位于蚌埠市东南郊，在雪华山、曹山和西芦山之间，呈三山夹一湖的风貌。景区总面积 36.9 平方千米，龙子湖公园有水域 8.4 平方千米，滨水是其重要地貌特征，因此，湖滨景观紧扣淮水文化展开创作。驳岸的功能空间有钓鱼码头、戏水平台、帆船广场等，这些功能设定与场地的临水地理特点相契合。如图 13-14 所示，是龙子湖帆船广场。龙子湖帆船广场作为游船码头，其边缘树立了一组渐变的帆船，表明了地理特点和场地功能性质。

图 13-14　帆船广场

根据地理位置和地方文化特点，龙子湖公园的景观小品设计，选择了与湖名一致的龙文化。湖西岸的南北分界线标志的“飞龙在天”、东南岸的“龙鳞叠水”连接南北区域的水上曲桥等都是对龙文化的表现。“龙鳞叠水”塑造了白龙盘踞，龙头吐水、龙身叠水、龙尾盘曲的场地景观，如图 13–15 所示。

图 13–15 公共艺术《龙鳞叠水》

蚌埠市被誉为是一座“火车拉来的城市”，新中国成立后的铁路枢纽地位带动了城市快速发展。围绕这段光辉历史，湖岸设计了一处火车站台场景，火车内部售卖商品。湖边小店经铁路文化包装巧妙地实现了“隐身”，从而湖滨休闲空间弱化了商业氛围，增添了历史人文气息，如图 13–16 所示。同样的处理手法还有老邮局，如图 13–17 所示。

图 13–16 怀旧火车站小店

图 13–17 邮局

蚌埠龙子湖景观小品有现代风格的玻璃小屋、拉膜休闲亭，传统风格的建筑小品有渔船码头、顶座一体化的休闲亭，如图 13–18、图 13–19 所示。

图 13–18　休闲亭

图 13–19　休闲棚

龙子湖公园面积较大，因此做好休憩设施非常必要。公园设计了石椅、木椅、铁艺椅等多种样式，使其在道路边、广场边和游戏设施多种场所适时、适地出现。有的椅子安装在硬质地面上，有的安装在沙池里，有的安装在草坪上，形成不同休闲环境体验。龙子湖为不同功能区设置了相应的宣传导视设施，如爱情步道导视牌。作为城市公园，为不同年龄段游客准备的游戏设施各有特点，如瞭望台、沙池和水车等，如图 13–20 所示。

图 13-20　导视和游戏设施

第三节　淮河文化主题城市公园景观小品创新设计

一、动物主题景观设施创新设计

淮河流域临水养珠已有一千多年历史，蚌壳造型的亭子对当地居民来说具有天然的亲切感。蚌亭对蚌壳原生态结构进行曲面优化，使其呈现更优美的弧度，更利于雨水径流。为减轻顶部重量，对顶部采用镂空手段，在镂空的天窗位置安装玻璃，亭下可以获得更好的采光，亭下设置长凳供人休息，如图 13-21、图 13-22 所示。

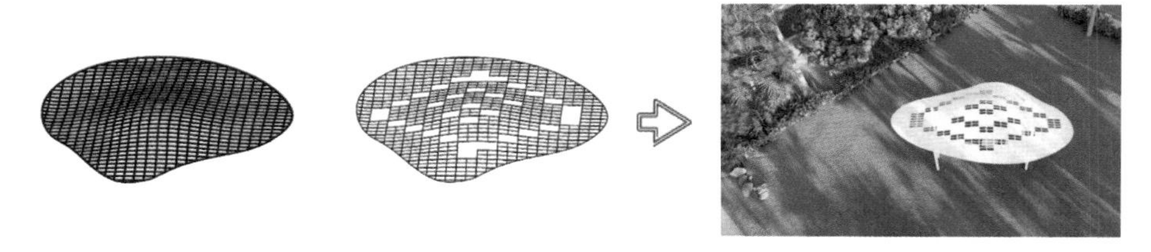

图 13-21 《蚌亭》创意过程

图 13-22　景观设施《蚌亭》

二、植物主题景观设施创新设计

城市设置市树，是借以表达城市精神文化的一种方式。由于雪松具有坚强、高洁的品格，即使在恶劣环境下依旧生命力，蚌埠市将雪松定为市树。雪松亭的设计来自蚌埠市树雪松，抓取其枝干直立向上、坚贞不屈的特点。设计采用直线、折线模拟雪松坚挺的枝干和松针，表现雪松生态特点和植株特征。一朵松针为一个漏斗造型，多组漏斗造型组合在一起内部可形成一个中空的空间，该空间可做花房、休闲空间等，如图 13-23、图 13-24 所示。

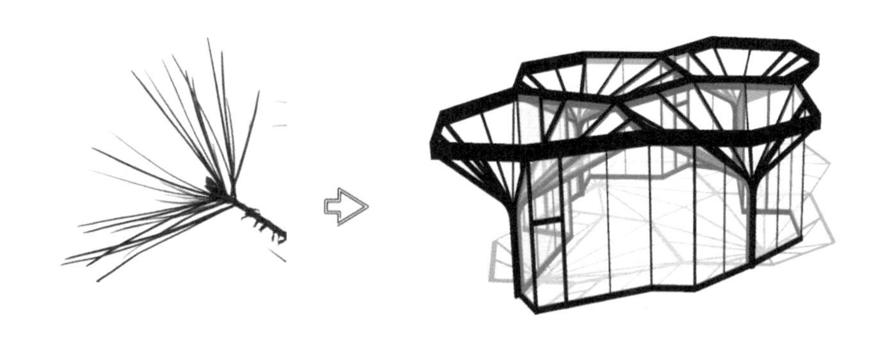

图 13-23 《雪松亭》创意过程

图 13-24 景观设施《雪松亭》

雪松亭顶棚和支柱以钢结构支撑，顶部和四周壁面采用透明玻璃材质。松针造型经重构后成为漏斗造型，其优点在于雨水汇聚后可从支柱往下导流至地面径流系统，从而构成城市公园雨水收集系统的一部分。通过这个雨水收集系统，实现了与自然对话，也实现了公园、城市和自然环境的有机共生。

三、山水主题景观小品创新设计

淮河作为古“四渎”之一，对中华文明的发展起到了重要的推动作用。秦《鼓钟》云：“鼓钟将将，淮水汤汤”，描述了淮河水势波涛汹涌的样子。创意景观亭顶部采用水波荡漾的大幅度波浪造型，表现淮河特征，如图 13-25 所示。

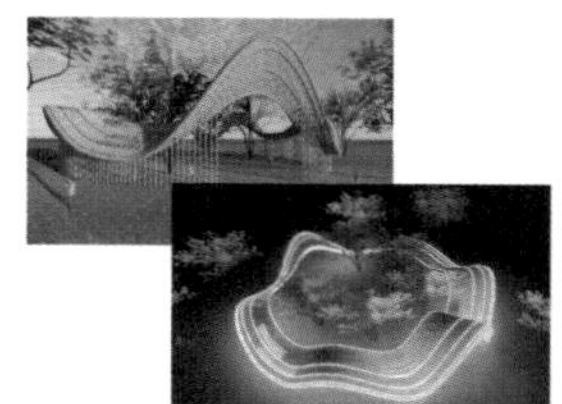

图 13-25 公共艺术《淮水汤汤亭》

亭子材料采用柳编，易于加工，可根据需要做幅度较大的变形、弯折结构。柳编材料轻盈，即使亭子顶棚体量较为巨大，在承重方面也不会有压力。在顶棚的结构线内侧装有感应灯，当人经过便会亮起，人走灯灭；灯光随人动，流动的灯光仿佛水面泛起的涟漪波动。

四、风俗主题景观小品创新设计

语言是文化传播的媒介，体现一个地方的文化智慧，在推动不同文明相互交流、相互学习中发挥着至关重要的作用。保护传承不同地方的方言文化，提供方言知识介绍的相关服务，以应用促使用、以使用促保护、以保护促传承，为人民群众旅行和生活提供便利。

我国普通话和各地方言之间存在语义的对应关系。蚌埠话是江淮官话与中原官话的过渡性方言。普通话和蚌埠方言的对应关系，如冷不冷 = 可冷该；去吃饭 = 个饭；那个人 = 那老几；不舒服 = 不调护等。装置《方言魔方》采用立体几何体块穿插而成，形成类似魔方的结构，每个块面上雕刻蚌埠市地方方言，能够帮助外地游客快速融入当地日常生活，如图 13–26 所示。

图 13–26　公共艺术《方言魔方》

五、建筑主题景观小品创新设计

江淮地区水系发达、水脉交织，因此，依水而居是江淮地区传统民居的重要布局特点。遇高台而筑房、形成小院落，院落疏朗有序，是淮畔人民因地制宜、与自然环境和谐共生的人居环境理念。在平面布局上，江淮传统建筑主要采用疏朗的天井式布局方式。房屋以木制格栅开窗，窗形不大，建筑朴实无华较少装饰。南北交汇的地理位置，使得淮河流域传统建筑风貌既有北方民居的特点，又有皖南徽派建筑的风格。其建筑的屋顶形式吸收了北方建筑和徽派建筑的双重特点，既可以有硬山顶，也可以有马头墙的形式，这种建筑特点体现了南北的过渡地带多重文化的影响。

如图 13–27 所示，景观小品《淮畔人家》的布局构思从淮河流域民居的形式特点入手。淮河民居疏朗的天井式布局、小开窗、木栅栏等建筑特色在设计中得到恰当的体现。考虑到淮河流域的传统建筑鲜少有装饰，设计采用白墙使建筑在色彩上更加纯粹。

图 13–27　景观小品《淮畔人家》

小结

城市公园作为市民户外休闲活动的重要空间，其景观设计在宏观上与所在城市总体规划和绿地系统规划保持一致，在微观上坚持场地生态优先、文化融入的设计理念。淮河文化主题的城市公园小品创新设计，将淮河流域的动植物、山水、风俗文化和建筑文化等经过解构和重构巧妙融入小品造型，是城市地脉、文脉和史脉在公园景观中的深刻体现。城市公园中，淮河文化主题的景观小品将城市生活、城市文化与现代休闲环境融为一体，通过彰显地域文化魅力树立淮河流域文旅形象。

后　记

当代中国城市更新稳步推进，景观小品建设处在中国城市化进程中发展与繁荣的时间点上，这是城市景观小品快速发展的时代背景。现代城市开放、多元、综合、包容、动态的发展特性，为景观小品的普及、深入社会生活提供了有利的条件和场所。随着国家经济腾飞，城市景观小品也进入到蓬勃发展的阶段，并形成了四个方面的“新”特点。

一是新的社会背景。当今中国，经济、文化空前繁荣，景观小品发挥塑造城市形象的作用，城市人居环境面貌有了明显改善。新的社会背景下，人们对于城市环境和景观小品的品质要求提高了很多。科学技术处在快速发展阶段，使得城市景观呈现艺术智能化发展方向。

二是新的城市背景。当前中国正在大力推进城市更新。景观小品融入城市更新有着广大的市场前景。景观小品的创新设计，既要考虑城市宏观空间，也要考虑景观小品所在的场所空间，从城市地脉、文脉和史脉思索创新创意。

三是新的景观使用者。时代环境不同，传统一代与新一代群体的需求存在一定的差异。新社会群体的生活理念、审美理念和环境需求发生了变化，新一代更加注重精神内核和放松的生活状态。因此，需要对景观小品的使用群体做出更精准的调研和更深入的分析，从而实现景观小品塑造环境的同时，也塑造新时代的人。

四是新的设计观念及方法。结合地域文化，从景观设计的策略、方法、途径方面展开创新思考，从形式到内容等创造新颖的景观小品。

当前，景观小品越来越深入生活，景观小品的形式和内涵也随着时代的脚步向前发展，在城市居住区、广场、商业街、公园中扮演着重要角色。未来的城市景观小品将会朝着多元化方向发展，继续保持旺盛的生命力。随着社会的发展，未来景观小品不仅可以点缀装饰空间，还会改变人们的生活方式。作为设计师应该勇于承担起艺术为公众服务的责任，肩负起超越自身利益的社会责任，发挥创新思维能力，用优质的景观小品带动社会美好向前。

参考文献

[1] ThinkArchit 工作室 . 现代景观亭设计 [M]. 武汉：华中科技大学出版社，2014.

[2] 阿斯特里德・茨莫曼编，杨至德，译 . 景观建造全书 [M]. 武汉：华中科技大学出版社，2016.

[3] 白杨 . 环境景观设计・基本设计原理 [M]. 北京：中国农业出版社，2017.

[4] 毕亦痴 . 城市公共艺术创意思维研究 [M]. 武汉：华中科技大学出版，2024.

[5] 边颖 . 住区景观规划与设计 [M]. 北京：机械工业出版社，2020.

[6] 曹仁宇 . 景观装置设计——多途径的综合与演进 [M]. 北京：化学工业出版社，2023.

[7] 曹天生 . 淮河文化导论 [M]. 合肥：合肥工业大学出版社，2011.

[8] 陈从周 . 园林丛谈 [M]. 上海：上海人民出版社，2018.

[9] 陈直 . 三辅黄图校证 [M]. 北京：中华书局，2021.

[10] 程霞 . 公共艺术设计原理与创意表现 [M]. 北京：中国水利水电出版社，2016.

[11] 郭媛媛，盛传新，马潇潇 . 公共艺术与设施设计 [M]. 合肥：合肥工业大学出版社，2017.

[12] 韩勇，李锐，马前进 . 居住区环境景观设计 [M]. 沈阳：东北大学出版社，2019.

[13] 胡天君，景璟 . 公共艺术设施设计 [M]. 北京：中国建筑工业大学出版社，2012.

[14] 黄林，罗彦，葛永军 . 深圳市城市规划及管理前瞻性问题研究 [J]. 城市规划，2006（9）：74–78.

[15] 计成，刘艳春，编著 . 园冶 [M]. 南京：江苏凤凰文艺出版社，2016.

[16] 金荣权 . 淮河文化研究文库：周代淮河上游诸侯国研究 [M]. 郑州：河南

大学出版社，2012.
［17］金学智 . 风景园林品题美学品题系列的研究鉴赏与设计［M］. 北京：中国建筑工业出版社，2010.
［18］金学智 . 中国园林美学［M］. 北京：中国建筑工业出版社，2005.
［19］李建盛 . 公共艺术与城市文化［M］. 北京：北京大学出版社，2012.
［20］李希杰 . 建筑工程项目管理中的施工管理与优化策略研究［J］. 河海大学学报，2021，49（6）：591–592.
［21］李想，刘勇，范苑 . 设计原理与实践［M］. 沈阳：辽宁美术出版社，2018.
［22］刘波 . 城市广场与环境设施设计标书制作［M］. 北京：中国建材工业出版社，2016.
［23］鲁榕，刘晓雯 . 环境设施设计［M］. 合肥：安徽美术出版社，2022.
［24］马雷 . 淮河文化传统与文化自信［M］. 合肥：合肥工业大学出版社，2018.
［25］马雷 . 淮河文化与区域发展 70 年［M］. 合肥：合肥工业大学出版社，2021.
［26］马钦忠 . 公共艺术的制度设计与城市形象塑造美国·澳大利亚［M］. 上海：学林出版社，2010.
［27］马钦忠 . 中国公共艺术与景观：公共艺术与历史街区的振兴［M］. 学林出版社，2010.
［28］马晓翔，张晨，陈伟 . 交互展示设计［M］. 南京：东南大学出版社，2018.
［29］盛广智 . 诗经［M］. 长春：吉林文史出版社，2019.
［30］首届淮河文化论坛组委会编 . 淮河文化的时代价值［M］. 北京：中央文献出版社，2021.
［31］苏晓毅 . 居住区景观设计［M］. 北京：中国建筑工业出版社，2016.
［32］孙振华 . 公共艺术的概念与方法［M］. 上海：上海书画出版社，2022.
［33］唐艳 . 公共艺术创作与景观设计的融合研究［M］. 长春：吉林出版集团股份有限公司，2022.
［34］汪坚强，韦婷娜，邓昭华，等 . 面向高品质空间营建的城市设计审查制度构建——英国威尔士经验解析及镜鉴［J］. 城市规划，2022，46（4）：96–106.
［35］王国彬，王今琪，石大伟 . 环境设计概论［M］. 合肥：安徽美术出版社，2017.
［36］王国明，张立阳，付春涛 . 景观设计原理［M］. 上海：上海交通大学出版社，2022.

[37] 王豪 . 城市形象设计——以艺术视角介入城市设计 [M]. 北京：中国建筑出版社，2019.
[38] 王鹤 . 公共艺术设计——八种特定环境公共艺术设计 [M]. 武汉：华中科技大学出版社，2022.
[39] 王曜 . 移栽的公共艺术 [J]. 上海艺术家，2015（6）：21–25.
[40] 王中 . 公共艺术概论 [M]. 北京：北京大学出版社，2020.
[41] 翁剑青 . 城市公共艺术一种与公众社会互动的艺术及其文化的阐释 [M]. 南京：东南大学出版社，2004.
[42] 翁剑青 . 景观中的艺术 [M]. 北京：北京大学出版社，2016.
[43] 吴婕 . 城市景观小品设计 [M]. 北京：北京大学出版社，2013.
[44] 吴卫光 . 城市环境设施设计 [M]. 上海：上海人民美术出版社，2022.
[45] 徐恒醇 . 设计美学 [M]. 北京：清华大学出版社，2018.
[46] 叶朗 . 现代美学体系 [M]. 北京：北京大学出版社，2004.
[47] 尹定邦，邵宏 . 设计学概论 [M]. 长沙：湖南科学技术出版社，2018.
[48] 张立阳，王杰 . 设计心理学 [M]. 上海：上海交通大学出版社，2021.
[49] 张苏卉 . 艺术生态与城市的共生 – 基于生态意识的公共艺术在城市化进程中的作用及发展研究 [M]. 上海：上海人民出版社，2017.
[50] 张宇 . 中国公共艺术三十年 [M]. 北京：中国建筑工业出版社，2022.
[51] 重森千青著，谢跃，译 . 庭院之心 [M]. 北京：社会科学文献出版社，2016.
[52] 周严 . 公共艺术设计 [M]. 北京：中国建筑工业出版社，2017.
[53] 朱钧珍 . 园林植物景观艺术 [M]. 北京：中国建筑工业出版社，2015.
[54] 庄木弟 . 书法・城市・空间 [M]. 上海：上海书画出版社，2017.
[55] 宗白华 . 美学散步 [M]. 上海：上海人民出版社，2015.